全国版レッドデータブック

凡例: ■絶滅・野生絶滅　■絶滅危惧I種　■絶滅危惧II種　□準絶滅危惧　□情報不足（含 亜種・変種）

分類	哺乳類 180種	鳥類 約700種	爬虫類 97種	両生類 64種	汽水・淡水魚類 270種	植物 約7,000種
地域個体群	+12地域個体群	+2地域個体群	+2地域個体群	+4地域個体群	+12地域個体群	
情報不足	9種 (5%)	14種 (2%)	1種 (1%)	—	5種 (2%)	52種 (1%)
準絶滅危惧	16種 (9%)	15種 (2%)	—	—	12種 (4%)	145種 (2%)
絶滅危惧II種	16種 (9%)	16種 (2%)	9種 (9%)	5種 (8%)	18種 (7%)	621種 (9%)
絶滅危惧I種	32種 (18%)	48種 (7%)	11種 (11%)	9種 (14%)	58種 (21%)	1,044種 (15%)
絶滅・野生絶滅	4種 (2%)	42種 (6%)	7種 (7%)	5種 (8%)	3種 (1%)	25種 (0.36%)

「全国版レッドデータブック」環境省資料（2006年4月現在）をもとに作成．

埼玉県レッドデータブック

凡例: ■絶滅種　□絶滅が懸念される種

分類	哺乳類 56種	鳥類 313種	爬虫類 15種	両生類 17種	魚類・円口類 81種	維管束植物 2,300種
絶滅が懸念される種	37種 (66%)	96種 (31%)	9種 (60%)	13種 (77%)	35種 (33%)	748種 (33%)
絶滅種	3種 (5%)	5種 (2%)	—	—	1種 (1%)	21種 (1%)

「埼玉県レッドデータブック」埼玉県レッドデータブック動物編2002、植物編2005をもとに作成．

日本（上図）および埼玉県（下図）において絶滅が懸念されている野生動植物の割合．

②

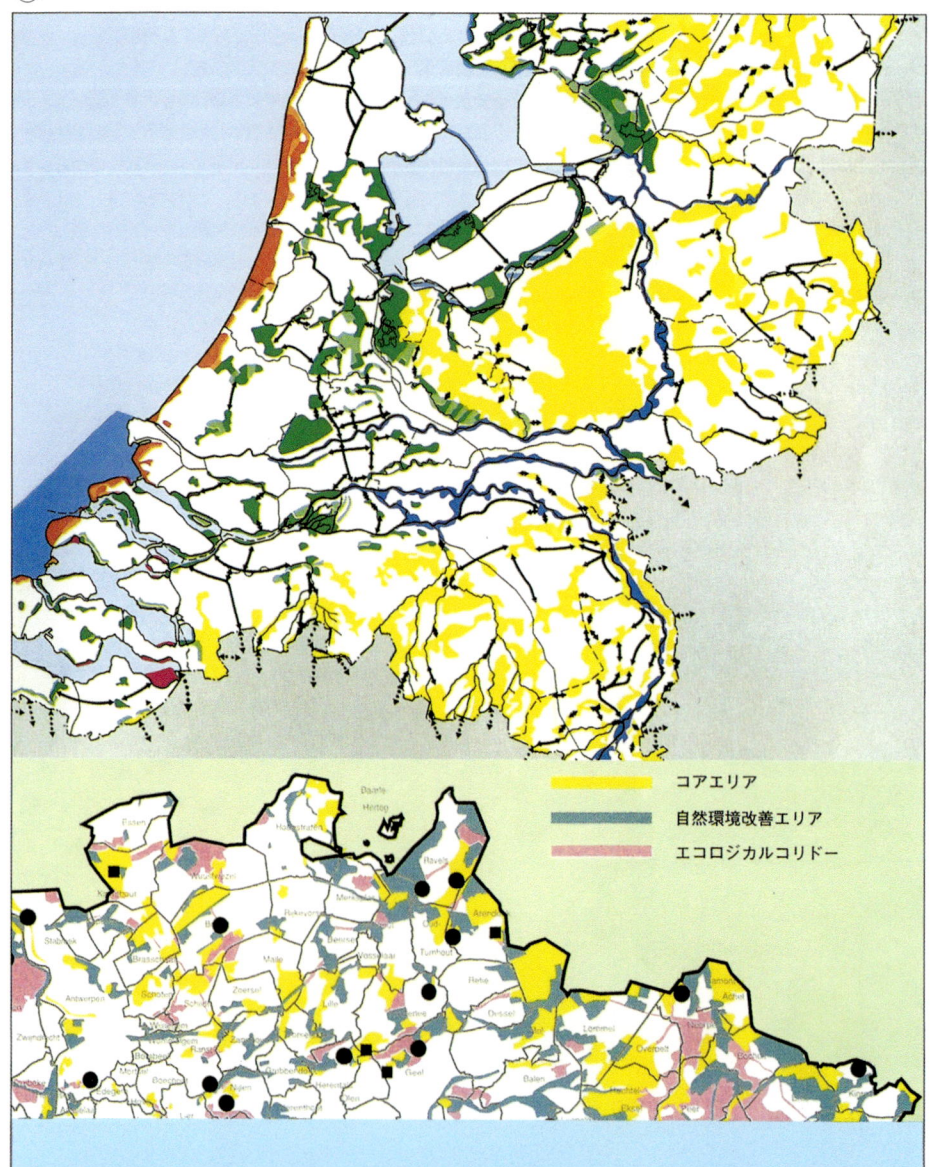

自然生態系を保護・回復させるための「全国エコロジカルネットワーク」構想．図はオランダ（上）およびそのすぐ南に位置するベルギー（下）におけるネットワーク構想図．国境を越えた広域的な取り組みが始まっている．

環境を守る最新知識
〔第 2 版〕

ビオトープネットワーク
―自然生態系のしくみとその守り方―

▶財団法人　日本生態系協会編著◀

◆信山社◆

第 2 版の出版にあたって

　本書の初版を出版してから 8 年、このたび、掲載されていたデータを一新し、またその後の社会の動きをフォローし、第 2 版を出版することになりました。

　この間に、わが国では、97 年の河川法改正をはじめ、農林水産業それぞれについて新基本法が制定され、まちづくりの面でも景観緑三法が、そして自然再生推進法、環境教育推進法が制定されるなど、制度面で、かなりの進展がありました。また、2005 年に、日本は世界に先駆け、ついに人口減少社会に突入しました。人口が減少するということは、国土に対する様々な開発圧力が減少することでもあり、今の国やまちを、自然と共存する持続可能な美しい国やまちへと創りかえる絶好のチャンスがきたことを意味します。また、このことは、新しい国のかたちを、国際的に示す絶好のチャンスでもあります。

　世界では、人口がまだ増加傾向にある国においても、都市、農村、山村を問わず、各地で、自然をまもり、再生し、自分たちの国やまちを、自然と共存する美しい国にしていく努力が続けられています。

　自然環境は人類の生存基盤です。わが国においても、失ってきた自然を再生し、自然と共存する持続可能な国づくり、まちづくりに向け大きく足を踏み出す時が来ています。

　本書が、そうした美しい国づくり、まちづくりの一助となることを願ってやみません。

　　　2006 年 6 月

　　　　　　　　　　　　　　　　　　　　　　　財団法人　日本生態系協会
　　　　　　　　　　　　　　　　　　　　　　　　　会　長　池谷　奉文

はじめに　～持続可能な社会に向けて～

　現代の私たちの生活は、家電・自動車などの物であふれ、季節感と関係なしに様々な食べ物をいつでも口にできるようになっている。そして私たちは、このような生活を昔と比べ便利になったと感じている。もし現在の生活を将来世代にわたり安心して続けていくことができるのならば、別に現代のライフスタイルについて見直していく必要などないのかもしれない。

　しかし、私たちが便利と感じている今の生活は、生物資源と土壌、地下資源、水、大気といった非生物資源を大量に使うことにより維持されており、その結果、私たちは自然を再生不可能なペースで壊し続けている。

　このような状況は、自然の状態を示す指標となる野生生物の生息状況にもはっきりあらわれている。例えば、わが国における植物の4種に1種、ほ乳類の3種に1種、鳥類の5種に1種、は虫類の3種に1種、両生類の3種に1種、淡水魚類の3種に1種は、自然生態系の破壊等が原因で今や絶滅、または絶滅の危機に瀕している。

　これらの数字は、全国レベルで野生生物の生存状況を評価したもので、例えば100か所の産地のうち99か所で絶滅した種を仮に想定すればわかるが、都道府県や市町村といった地域レベルで細かくみると、絶滅種やその危機にある種の比率は一層深刻である。さらに地下資源の利用可能量も、消費の増加に伴い確実に減少している。このように、今の私たちのライフスタイルは明らかに持続不可能であり、自然生態系を守るための施策を早急に進める必要がある。

　自然生態系を守ることは、私たちの生活基盤である生物資源と非生物資源を守るということである。生物資源を守るとは、土地の利用方法を見直し、そのなかで将来世代のためどこにどの位の自然を残すかということを、自然保護地域と利用地域の土地利用のなかで明確にすることである。また利用可能な地域であっても自然生態系に重大な負荷を与える可能性のある事業については、その計画段階での環境アセスメントを実施し、必要に応じて開発を規制することが求められる。事業実施の価値とリスク自体を評価できる計画アセスメントの実施は、将来世代の財産をどの地域にどの位残すかということを決めるために大変重要なものである。

はじめに

　わが国の産業は、大量の資源を輸入し、それを加工し、付加価値をつけ輸出するというかたちで貿易黒字を拡大してきた。さらにこの貿易による経済不均衡を是正し、経済を維持発展させるため、資源や食料品などの輸入を増加させた。このような大量消費型社会は、工業製品や農産物を生産・消費する過程を通じて大量の「ゴミ」を発生させている。

　わが国では、環境問題を廃棄物問題ととらえる傾向が強く、私たちの多くは、リサイクル促進が環境問題の主な解決策であるかのような錯覚を起こしている。しかし、リサイクルの過程でもエネルギーが必要であり、その処理工程においても廃棄物が発生し、リサイクル品自体も最後にはやはり「ゴミ」になるため、環境問題の根本的な解決とはなりえない。しかも、リサイクルが新たな消費を促進しているとしたら、まったく意味がなくなってしまう。

　環境問題の大きな原因は、モノを大量に消費する現代の経済の仕組みにあり、これが自然生態系を破壊し続ける流れを作っているのである。現代社会は、自然から資源を一方的に取り出すだけで、自然に返して循環させる仕組みがほとんどない。つまり私たちの今の生活スタイルそのものが、生物資源および地下資源といった生活基盤を崩し、廃棄物のような地域的な問題から地球温暖化といった地球規模での問題まで、様々な問題を引き起こす原因を作り出しているといえる。

　現在の先進国における資源の消費パターンを、世界中のすべての人々が享受することは不可能である。例えば、カナダで考案された「エコロジカル・フットプリント」という指標（人間の経済活動を支えるのに必要な面積を示したもの）では、今の日本人と同じ生活レベルを全世界の人々が享受するためには、地球があと1.4個（計2.4個）、今のアメリカ人と同じ生活レベルをとなると地球があと3個（計4個）必要であると試算される。

　環境問題解決の本質は、自然生態系を守り、回復させると同時に持続的に利用していくことにある。自然生態系の保護とは、単にある特定の生物の保護を意味するだけではなく、多様性と地域特性をもつ自然を全体として守り、また大量輸入・大量生産を極力抑制することである。私たちの今の生活は、将来世

大量消費社会は支えを失い崩れてしまう

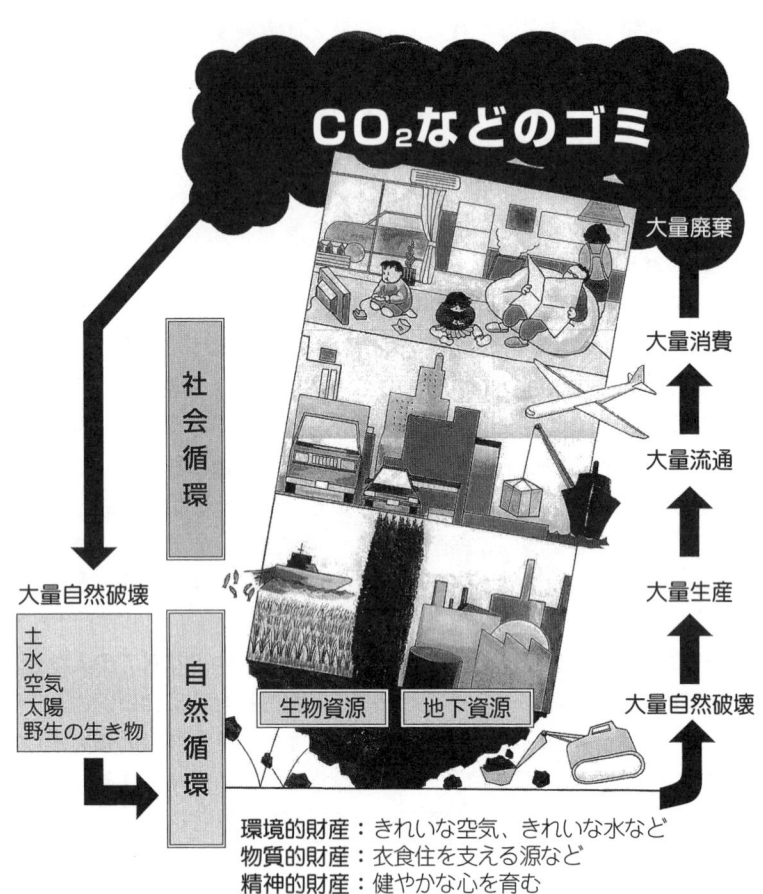

はじめに

代の財産までも先取りして消費することで豊かさを維持している。このような状態は、まさに異常な状態であり持続性がないことは疑う余地もない。

　自然生態系の保護は、私たち人類が将来世代にわたり恒久的に活用できる人類生存基盤である自然資源を、持続的に利用できる社会を築いていくために必要不可欠である。そのため議会では、憲法をはじめすべての法律を「環境」という視点で見直す必要がある。また行政は、税制措置などにより大量消費を抑制し、大量自然破壊、大量生産、大量流通の流れを変えていく必要がある。企業は、環境に十分配慮した製品やサービスを消費者に提供すると共に、使用後の商品についてもその処理を負担する責任がある。そして私たち一人一人は、今の生活スタイルをより質素にし、環境に配慮したものを大切に使い、使用後は出来る限り再使用や再利用することが大切である。

　このようにして、大量消費型の社会から必要最低限度の消費に抑えた社会へと転換を進めていくことが求められている。つまり、持続可能な社会を築き上げていくためには、これまでの経済活動を見直し、環境という枠内での自由主義経済すなわち「環境自由主義経済」へと移行させることが必要である。

財団法人　日本生態系協会
会　長　池谷　奉文

環境を守る最新知識〔第2版〕
ビオトープネットワーク
―自然生態系のしくみとその守り方―

目　次

第2版の出版にあたって
はじめに

自然生態系について考える

1　自然生態系の保護・回復のための基礎知識…2
　1-1　「緑」であれば「自然」か…2
　1-2　自然生態系のしくみ…4
　　1-2-1　食物連鎖…4
　　1-2-2　生態系ピラミッド…5
　　1-2-3　自然生態系の構成要素…10
　1-3　自然生態系の保護・回復に必要な視点…16
　　1-3-1　キーワードは地域特性と多様性…16
　　1-3-2　原生自然保護と二次的自然の保全…17
　　1-3-3　自然生態系の保護に必要な認識…20

2　自然生態系破壊の現状…24
　2-1　農林水産業と自然破壊…24
　2-2　工業と自然破壊…30
　2-3　自動車交通と自然破壊…34

3　自然の価値と役割について…38
　3-1　文化・文明の源としての自然生態系…38
　3-2　精神的財産としての自然生態系…40
　3-3　物質的財産としての自然生態系…43
　3-4　環境的財産としての自然生態系…46

目次

私たちの地球は今

- 4　生物多様性と保全生態学…50
  - 4-1　野生生物を絶滅に追い込む原因…50
    - 4-1-1　生息地の破壊…50
    - 4-1-2　乱獲で追いつめられる野生生物…52
    - 4-1-3　分布を広げる外来種…54
  - 4-2　生物の多様性を考える…58
    - 4-2-1　生物多様性とは…58
    - 4-2-2　種の多様性について…60
    - 4-2-3　遺伝子の多様性について…62
    - 4-2-4　生態系の多様性について…66

- 5　水をめぐる環境…70
  - 5-1　生命の源：水…70
  - 5-2　水環境が破壊される…72
  - 5-3　これからの水環境…74

- 6　大気をめぐる環境…78
  - 6-1　大気と生態系について…78
  - 6-2　大気の組成が変化する…80
  - 6-3　大気環境を保全する…82

- 7　土壌をめぐる環境…86
  - 7-1　土壌の世界…86
  - 7-2　土壌が危ない…88
  - 7-3　土壌を守る…90

- 8　地下資源について…94
  - 8-1　地下資源と生態系…94
  - 8-2　貴重な地下資源…98

法律の世界をのぞく

9　自然生態系を守るための法制度…102
9-1　国内法制度の内容と課題…102
9-1-1　環境基本法…102
9-1-2　自然環境保全法…106
9-1-3　自然公園法…108
9-1-4　鳥獣保護法（鳥獣の保護及び狩猟の適正化に関する法律）…110
9-1-5　種の保存法（絶滅のおそれのある野生動植物の種の保全に関する法律）…112
9-1-6　自然再生推進法…116
9-1-7　特定外来生物による生態系等に係る被害の防止に関する法律…119
9-1-8　都市緑地法…121
9-1-9　文化財保護法…123
9-1-10　環境影響評価法…124
9-1-11　河川法…127

9-2　生物の多様性保全に関する主な条約…132
9-2-1　生物多様性条約…132
9-2-2　ラムサール条約（特に水鳥の生息地として国際的に重要な湿地に関する条約）…133
9-2-3　ワシントン条約（絶滅のおそれのある野生動植物の種の国際取引に関する条約）…134
9-2-4　世界遺産条約（世界の文化遺産及び自然遺産の保護に関する条約）…134
9-2-5　気候変動枠組条約（気候変動に関する国際連合枠組み条約）…135

持続可能な社会に向けて

10　国土計画による自然生態系の保護・回復…140

10-1　自然災害にも強い、生物多様性保全型の国土…140
　10-2　エコロジカルな国土政策…142
　　10-2-1　国レベルの生物多様性保全計画…142
　　10-2-2　地方自治体レベルの生物多様性保全…146
　　10-2-3　土地確保のための手段…148
　　10-2-4　ビオトープネットワーク…152

資料1　ベオグラード憲章とトビリシ宣言…160
　　2　バイエルン州（ドイツ）における代償ミティゲーション方針…164
　　3　生物多様性国家戦略…170

参考文献一覧…178

コラム目次

1　地熱エネルギーと深海生物…14
2　農地造成と自然破壊…29
3　「学校ビオトープ」その整備と普及…42
4　食糧と農業のための植物遺伝資源の保全と利用に関するライプチヒ宣言…45
5　森林の公益的機能（多面的機能）について…48
6　ビオトープ事業と生物の多様性…59
7　ジーンバンク（遺伝子銀行）…64
8　土壌憲章…91
9　アメリカの原生自然保護法…105
10　NPO法と環境NGO（NPO）…128
11　ドイツの自然保護法…136
12　国土利用の現状とアジア太平洋エコロジカルネットワーク…144
13　ヨーロッパのエコロジカルネットワーク…156

自然生態系について考える

1 自然生態系の保護・回復のための基礎知識

自然生態系について考える

1　自然生態系保護・回復のための基礎知識

1-1　「緑」であれば「自然」か

　「自然」という言葉に対し、単に「緑」をイメージする人が多い。私たちは、街路樹の緑、公園の緑など、都市部でも比較的身近に緑を目にしている。しかし、私たちが目にしているこうした緑をよく見ると、たとえば並木であればアメリカハナミズキであったり、花壇であればパンジーであったりと、単調な植栽で、しかも多くは外国のものである。こうした植栽が行われる理由は、主に見た目のきれいさという、人間の一方的な都合によるものである。外観は緑であっても、もともと地元にあった多くの野生生物の「命」を育むことはなく、天然樹林とは根本的に異なる。それぞれの地域に本来あるはずのない植栽は、自然とはいえない。

　「自然」を単に視覚的な「緑」としてとらえ、それぞれの地域本来の自然とは何かという考察を欠いた「緑化運動」が、今なお全国各地で行われている。しかし、単に「見た目が美しいから」、あるいは「管理しやすいから」という理由で、その場所に本来生えるはずのない植物を植えても、地域の自然生態系を回復させることはできない。

　日本の国土の約7割は森林に覆われており、森林の割合は世界的にみても高い[注1]。しかし、その多くはスギやヒノキなどを植林した人工林で占められている。スギ、ヒノキの植林地の割合が高いのは、第二次世界大戦後に林野庁が日本全国で進めた拡大造林という林業政策の影響である。この植林のために従来からあった自然林や野草が大規模に切り払われた。

　第4回（1989～92年）と第5回（1993～98年）の「緑の国勢調査（自然環境保全基礎調査）」の結果を比較すると、わが国の自然林は、この両調査の間に約88,200haもが人工林や草原などに変わり消滅している。自然生態系を回復

注1）第5回自然環境保全基礎調査「植生調査」の結果によると、自然植生のほか、植林の耕作地植生も含め何らかの植生（緑）で占められる割合は、国土の92.4％にも達している。しかし、自然植生が自然生態系として機能する形で塊として残っている地域は非常に限られ、その割合は今なお減少しつつある。

していかなければならない時代にもかかわらず、わが国ではまだ自然林の伐採がまったく止まっていない。

　問題は陸上の世界だけではない。例えば、人工受精、ふ化されたシロザケは、昭和50年代後半から毎年、約20億尾が放流されている。このように一種類の魚（生物）だけを大量に特定の河川に放流することは、その地域の水の中の生態系をさらに崩す危険がある。生息環境の悪化など、かつてそこにいた魚類がいなくなった原因について真剣に考え、それを取り戻すというのではなく、単に魚を放流するという活動は、逆に状況を悪化させる。

　最近、各地で実施されているホタルの放虫についても同じようなことがいえる。同じ種類の生物であっても生息する地域によって遺伝子レベルでは異なっているものも多い。このため、ほかの地域に生息する同種の生物を安易に持ち込むことで、種内の遺伝子レベルでの多様性の低下を招くおそれがある（p56参照）。

　以上の例は、自然のもつ多様性のごく一面しか見ていないことで起きた事例である。これらの例で問題なのは、こうした活動が自然を守ることであると勘違いされている点にある。

　自然は土壌中の微生物をはじめ、その地域の多様な野生生物により構成されている。それぞれの地域本来の特性と多様性をもたない単調なつくられた自然環境は、真の意味での自然とはいえない。自然は多様であり、しかも地域特性があるという大原則を理解することは、自然生態系の保護・回復を進める上で非常に大切である。

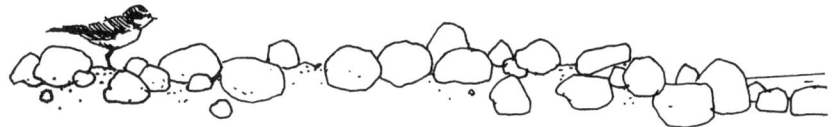

1-2　自然生態系のしくみ

1-2-1　食物連鎖

　緑色植物は土壌から養分と水、大気から二酸化炭素を吸収しながら、太陽をエネルギー源として光合成を行い、多くの生物の営みに必要な炭水化物、蛋白質、脂肪などの有機物を作りだしている。

　関東地方の雑木林の場合、豊かな土壌の上には、コナラ、ケヤキ、アカシデ等の樹木が生育している。林縁や林床には、一般に野草といわれる草木類も繁茂している。チョウやバッタ、カブトムシなどの草食性昆虫は、草や木の葉、花蜜、樹液などをえさにしている。そしてこの草食性昆虫を食べるクモやカマキリ、トンボなどの肉食性の昆虫や小動物が存在する。またそこにはこうした小動物をえさとするトカゲやカエル、さらにそれを食べるヘビ、モズ、イタチなどの鳥獣がいる。

　樹木や草木類といった植物は光合成によって有機物を生産するため、「生産者」と呼ばれる。一方、生産者を食べる昆虫などの小動物や、小動物を食べる動物は「消費者」と呼ばれている。

　さて、生産者も消費者もいずれは死んで土に還る。土の中には微生物や小動物が生息し、それらは死んだ生物や排泄物を食べて生きている。死体や排泄物といった有機物は、微生物や小動物に食べられることで、無機物へと分解される。このため土の中の微生物、小動物は「分解者」と呼ばれる。

　分解者によって生じた無機物は、植物によって栄養素として吸収される。そしてそれらは、再び光合成で有機物に変えられ、これを消費者が食べる……。このように、食物エネルギーは植物を源とし、捕食、被食を繰り返しながら一連の生物群を通って移行する。これを植物連鎖（food chain）と呼び、この食物連鎖がからみあった形をしばしば食物網（food web）と呼ぶ。

1-2-2　生態系ピラミッド

　野生生物と土壌、水、大気、太陽光の5つの要素が有機的な関係を保つことにより構成された自然のシステムのことを「生態系（ecosystem）」という。生物は資源（エネルギー）を取り入れ、不要物を捨てることによって生命を維持している。しかし単独の種類だけでは資源は枯渇するか、もしくは大量の廃棄物による汚染を招き生存することはできない。そこで、自然生態系においては、それぞれの物質が生態系内でその形態を変えながら、循環を繰り返している。

　およそ38億年前、地球上に生命が誕生して以来、生物が必要とするすべての物質は、生物とそれをとりまく非生物的環境の間を循環することで再利用されてきた。この生態系を構成する要素のうち、土壌と多様な生き物の集合体がつくる食物連鎖の様子を表したものが「生態系ピラミッド」（図1-1、1-2）である。

　生態系ピラミッドは、無機化合物から有機物を合成する生産者、生産者を直接捕食する第一次消費者、それを捕食する第二次消費者、そして第三次、……高次消費者、およびこれらの死体や排泄物を分解する分解者というように栄養段階（trophic level）という考えを使って把握しようとしたものである。

　多くの植物は、土壌から養分と水、大気から二酸化炭素を吸収し、太陽をエネルギー源とし、人間を含め地球上の動物の生存に欠かせない炭水化物・蛋白質・脂肪などの有機物を生み出している。これを草食性の昆虫が食べ、これらの草食性昆虫を肉食性の小動物、昆虫が食べている。さらにこれらを食べる高次消費者が存在する。こうした食物連鎖の頂点に位置しているのが、ワシ、タカ、フクロウといった猛禽類、キツネなどといった肉食ほ乳類である。

図1-1　陸の生態系ピラミッドの例(頂点に描かれているのは猛禽類のサシバ)

　生態系ピラミッドには、生体量(バイオマス)ピラミッドのほか、個体数ピラミッド、エネルギーピラミッドなどがある。個体数のピラミッドの場合、栄養段階の下から上へいく際に、ピラミッドが部分的、または全体的に逆さまになることがある。また3種いずれのピラミッドにおいても、栄養段階が下から上へ進む様子は、図のように必ずしも整ったピラミッドにはならない。ここでは自然生態系についての一般的な理解が得られるようにという趣旨から、生態系ピラミッドを図のように示している。

1　自然生態系保護・回復のための基礎知識

図1-2　海の生態系ピラミッドの例
　ピラミッドの底辺は太陽エネルギー、水、二酸化炭素のような無機物を使い有機物を合成する植物プランクトン等である。この植物プランクトンをベースにこれを捕食する動物プランクトン、これをえさにする小魚などがいる。さらにその上にこれを捕食するカツオ、マグロ、シャチといった高次消費者が存在している。

生態系ピラミッドは、高次消費者であればあるほど、生存に広い自然環境を必要としていることを示している。逆に、ピラミッドの頂点に位置するワシ、タカなどの大型鳥獣がいるということは、その地域の生態系の質と量が総合的に高いことを示している。繰り返しになるが、ワシ、タカなどの大型鳥獣が生息するためには広い面積の土地（土壌）が必要であり、えさとなる生き物の多い、質の高い自然生態系が必要とされる。

　このことはまた、土地（土壌）の一部が失われたり、自然生態系の構成要素の一部が欠けることで生態系のバランスが崩れたとき、まず最初に姿を消すのは生態系ピラミッドの頂点に位置する高次消費者であることも意味している。タカの一種であるサシバが生息している地域の森林が一部伐採されると、植物をえさとしていた昆虫の一部が生存できなくなり、それとともに、その昆虫を食べていたカエルやトンボの一部、そしてヘビや野鳥の数も影響を受け減少する。その結果、高次消費者であるサシバは、えさの必要量が不足し生存できなくなる。残された環境では、サシバの下部層にいるヘビや小鳥が小さくなったピラミッドの頂点になる（図1-3）。

　このようにピラミッドの底辺に位置する土地（土壌）の微妙な変化にも敏感に反応するのが猛禽類をはじめとした高次消費者である。生態系ピラミッドの頂点に位置するサシバの場合は、ヘビ、昆虫、小鳥などをえさとして食べている。これらえさとなる生物を支えるには広いピラミッドの底辺が必要である。サシバは主に谷津田などに生息するが、その行動圏は約150ha以上だと考えられている。またオオタカの行動圏は、数百〜1,000ha以上、イヌワシの場合6,000ha以上と推定されている。高次消費者が生息できる生態系を維持していくには広大な土地（土壌）、そして植物や小動物の豊かさが必要である。

　生態系ピラミッドの各栄養段階における生物の絶滅や減少は、生態系全体に大きな悪影響を及ぼすことになる。また森林伐採などによる周辺環境の変化は、それ自体、特に警戒心の強い動物の生息を困難にすることはいうまでもない（p50参照）。生態系ピラミッドの頂点あるいは上部に位置する鳥獣は、生態系の各構成要素のバランスがうまくとれていてはじめて健全に生息することが可能となる。

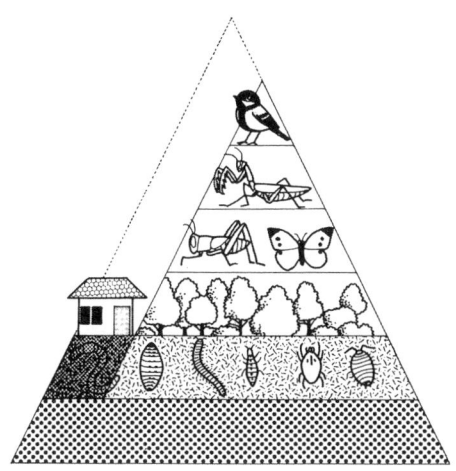

建築物の造成によって本来の豊かな自然生態系を支えるだけの面積が失われ、結果として自然生態系の質が低下した事例。サシバなどの猛禽類に代わってシジュウカラ（小鳥）が生態系の頂点になっている。

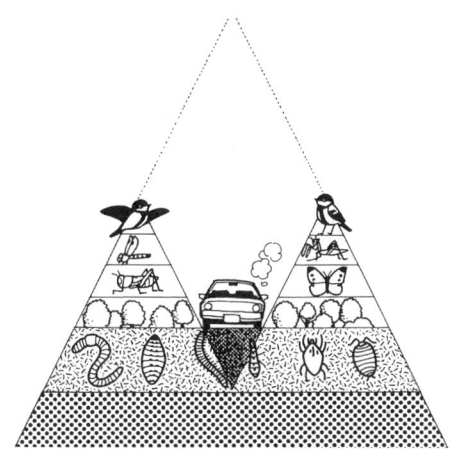

道路などが自然生態系の中心に建設されると、自然生態系が分断される。

図1-3　破壊された生態系ピラミッドの例

1-2-3　自然生態系の構成要素

　自然生態系は、多様な野生生物とそれを取り囲む水、大気、土壌、太陽エネルギーの5要素より構成されている。

① 野生生物

　地球上には200万種とも1億種ともいわれる野生生物が生息、生育し、それらが互いに食物連鎖でつながり、自然生態系のバランスを取りながら生存している。自然生態系を構成する野生生物の中でも、植物の果たしている役割は非常に大きい。これは植物以外の生物が、ほかの生物の力を借りずに直接、有機物を生産することが基本的にはできないためである。地球上に生存する人間をはじめとするほとんどすべての動物は、この植物を消費するか、あるいはこれを消費した動物を食べることで生存している。

　ある生態系に存在する全生物の生体量は、その生態系内の植物が生産する有機物量によって決まる。有機物の生産量は環境条件により異なるが、一般的に気候が温暖湿潤な地域は生産量が多く、反対に気候が寒冷化あるいは乾燥化した地域は、その生産量が少ない。

② 水

　水はその形態を変化させながら、絶えず循環している。水は海や陸地から蒸発して気体となり、冷やされて雨や雪となって地上に戻される。地表に降った雨の一部は川になって流れて海に達し、またあるものは地下水として蓄えられ、植物に吸い上げられて植物の組織体となったり、湧き水として地表に現れる。

　水は飲料水としても人間や他の動物の生命を維持していくために必要不可欠である。また水は、岩石の風化を促進し、その成分を溶かし込むと同時に微生物が分解した養分も溶かし込み、水循環の中で植物や水中のプランクトンに栄養を供給する。

③ 大　気

　大気中の酸素濃度は20億年前には0％であったが、約4億年前の陸上植物が出現したころには、その濃度が約0.2％になった。その後、酸素濃度は植物の陸上での繁茂にしたがい急激に上昇し、現在約21％である。

　人間をはじめとした動物は、酸素を吸収し二酸化炭素を出している。一方植物は、光合成によって二酸化炭素を吸収し、酸素をつくりだしている。

　植物の減少や、汚染物質などによる大気組成の変化は、自然生態系にさまざまな影響を与える。例えば二酸化炭素の大気中の濃度は、石油、石炭といった化石燃料の急激な消費の伸びにともない、年々増加している。二酸化炭素は温室効果ガスのひとつであり、大気中での濃度上昇が、地球温暖化につながると指摘されている。さらに化石燃料の燃焼は、硫黄酸化物や窒素酸化物などの汚染物質を空気中に排出し、これに伴う大気組成の変化は、自然生態系に大きな変化をもたらしている。これらの物質は、酸性雨の原因ともなる。

④ 土　壌

　緑色植物が生育するためには、空気と太陽エネルギーのほかに、養分や水分が必要となる。こういった養分や水分は、主として土壌より供給される。つまり土壌には植物を育てるための重要な機能があり、この働きが植物をえさとする動物をはじめ自然生態系全体を支えている。

　土壌中には多くの生物が存在し、約1ｇの土の中に数百万から多いもので数十億もの土壌生物が生息している。その種類も細菌、糸状菌、線菌、酵母などと多種多様で、これらの土壌生物の活動により土壌の浄化作用が活発に行われる。多種多様な小動物が生息している土壌は、豊かな自然生態系を形成しているため遺伝子宝庫（ジーンプール）ともいえる。

　土壌生物は、有機物を無機物へと分解したり、土壌粒子に吸着した汚染物質を分解するといった働きがある。また土壌には生産・分解（浄化）機能のほかに、養分と水分を保持する機能や、生物生育のために生産機能、土壌生物の大半が生息して有機物の分解を促進する機能、発達した団粒構造で水や養分を保持する機能がある。

　このように土壌は、多様な機能をもち、生態系の基盤部分にあたるが、地球全体から見ると陸地のなかのそのまた薄皮のようなわずかな厚さでしかない。表層土壌が1cmできるには、100～数百年の長い時間が必要とされる。土壌は、地域が長年にわたる営為の中で生み出してきた貴重な資源である。

⑤　太陽エネルギー

　地球上に到達する太陽エネルギーの総量は、地域により若干異なるが、およそ$1.1～1.5×10^6 kcal/m^2/年$と推定されている。植物が、無機物である水と二酸化炭素からグルコースと酸素を作り出す過程で必要不可欠なのが、この太陽エネルギーである。すなわち、植物をはじめこの植物に依存するほとんどの動物と微生物の生存は、この太陽エネルギーに依存している。

　今、太陽光から得るエネルギー量を1と考えた場合、各栄養段階に受け継がれるエネルギーの割合は、条件によっても異なるが、植物の場合せいぜい1％程度であると考えられている。このため植物以外のほとんどの生物は、植物が太陽エネルギーを同化できる1％のエネルギーに依存して生存しているということになる。またこの植物を食べる動物（第一次消費者）のエネルギー同化率

はせいぜい10％程度であるため、太陽エネルギーの1000分の1が第一次消費者が利用することのできるエネルギー量となる。第二次および第三次消費者のエネルギー転換効率も10％程度であると考えると、この段階での利用可能エネルギー総量は、入射エネルギーのそれぞれ1万分の1、10万分の1程度ということになる。生態系ピラミッドの栄養段階がそれほど多くならないのは、エネルギー転換効率により利用できるエネルギーが、栄養段階が1つ上に上がるごとにこのように激減するためである。

表1-1 土壌層について

土壌層	概要
O層	最も地表側にあり、落ち葉などの有機物のみでできている層
A層	腐植化が進んだ有機物と無機物が混ざり合ってできている層
B層	A層とC層の間にあって中間的性質を示す部分で、一般に下層土といわれる部分
C層	風化した岩石の破片からなり、A層やB層ができるもとの母材の部分で、ほとんど生物の影響を受けていないところ
R層	風化作用を受けていない基盤となっている岩石（母岩）の層

コラム1 地熱エネルギーと深海生物

　自然生態系は、主として野生生物、土壌、水、大気、太陽エネルギーの5つの要素により構成されているが、このほかにも太陽光以外のエネルギー源や植物から合成された有機物に依存しない世界も存在する。

① 地熱エネルギー

　地球の中心には約6,000℃、地殻の底では1,000℃前後のマグマ（ドロドロに溶けた高温の岩石）が存在する。このマグマは地下数キロの浅いところに移動、定着し、「マグマだまり」をつくり、多量の熱を数十万年にわたり放出している。この熱は地殻上部まで運ばれ、地下水を温めて、高い圧力をもった熱水や蒸気をつくりだしている。また、海底を新生する海底火山帯では、突き上げてくるマグマが海水で急冷され、枕状の玄武岩ができ上がっている。また、岩の割れ目や断層からしみこんだ海水は、地下マグマに温められて、海底に温泉として噴出している。

　これらの地熱エネルギーを利用する地熱発電が現在、世界各地で行われている。火山国であるわが国には、全国に200カ所以上の地熱地帯があり、地下約2,000mまでおよそ3,000万キロワットのエネルギー源が存在すると推定されている。

② 深海生物

　地球表面の3分の2を占める海面のうちのおよそ90％は、水深3,800mより深い。このため深海底は、地球上で最も広い代表的な生物圏といえる。しかし深海底の環境は、暗黒、低温、高圧に加え、食物資源にも制限があり、生物の生育・生息環境としては一見非常に厳しい。しかし、物理化学的な変動幅が狭いという意味では、きわめて安定した環境でもある。

　事実深海底は、厳しい環境条件にもかかわらず、生物多様性に富み、現在数万種以上の生物が確認されている。このような生物のなかには普通の生物

にとって有害な噴出孔からでる猛毒な硫化水素を、海水中の酸素で硫黄や硫酸に酸化して化学エネルギーを取り出すことができるバクテリアが存在する。例えば、熱水噴出孔に生息する二枚貝のシロウリガイや巻き貝のアルビンガイなどは、体内に硫化水素の酸化エネルギーで有機物を合成するバクテリアを共生させ生命を維持できる。深海底には、太陽光や植物から合成された有機物のどちらにも直接頼らない生物が存在している。

鬼首 地熱発電所（宮城県）
　わが国は200カ所以上もの地熱地帯が存在し、地下2,000m程度までおよそ3,000万キロワットのエネルギー資源が存在するといわれている。

1-3　自然生態系の保護・回復に必要な視点

1-3-1　キーワードは地域特性と多様性

　自然生態系の保護といった場合、多くの人たちは、どこか遠いところにある美しい大自然のようなものを守ることだと考える。つまり、自分の住んでいる地域に残された自然を考えるよりは、ミズバショウの咲く尾瀬ケ原や、広大な原生ブナ林に覆われた白神山地の自然、さらに様々な形態や色彩のサンゴ群集が分布する沖縄の海や、針広混合の原生林が広がる北海道の森を想像する。あるいは、遠くはアマゾンや東南アジアの熱帯雨林の破壊といった海外の問題を考え、ついには地球全体の環境を考えるといった具合である。

　このように自然生態系の保護の対象にあげられるのは、きれいなもの、美しいものである場合が多い。これは「1-1　緑であれば自然か」で紹介したように、自然を視覚的なイメージのみでとらえる誤った認識と関係がある。

　前述したように自然は多様であり、地域特性をもっている。その地域本来の多様性をもたない単調な生物構成は、本来の自然ではない。各地で行われている緑化運動の多くは、自然を緑としての側面でしかとらえず、自然本来のもつ多様性と地域特性を配慮する視点を欠いている。緑も確かに自然の一側面ではあるが、緑を増やすことだけに重点をおき、生態系を構成するそのほかの要素を無視する活動は、自然生態系の保護や回復にはむすびつかない。

　原生的な自然の保護はもちろん重要である。しかし、自然生態系には地域特性があるため、他の地域の自然が自分たちの住む地域の自然の代わりになるわけではない。したがって、他の地域の原生的な自然を守ると同時に、自分たちの地域の自然も守り、回復させていく必要がある。

　自然はさまざまな要素により構成されている。自然生態系の保護・回復には自然生態系の中の一部分だけを対象とするのではなく、多様性と地域特性をもつ自然生態系を全体としてとらえていく視点が必要である。

1-3-2　原生自然保護と二次的自然の保全

　生物多様性保全の第一の原則は、現在残されている原生自然をこれ以上破壊しないで、そうした場所は人為的関与を排除し自然遷移にまかせる形で厳正に保護していくことにある。

　かつて自然界は、河川の氾濫や土砂崩れといったかく乱が頻繁に生じていた。このような自然のかく乱とその後の遷移は、生物多様性の保全に役立ってきたという側面をもっている。

　一方、土木技術の発達などを背景に、治水・治山事業は急速に進み、洪水等の自然災害の危険は時代とともに低下してきた。例えば戦国から江戸時代にかけては、大河川下流域の後背湿地を水田に変える大規模な事業が行われ、結果として対象地域の自然は破壊されてしまった。

　しかし、水田の造成とその後そこを舞台に繰り返された農的な営みは、同時に自然環境の生物相保全機能の一部を肩代わりしてきた。堤防建設とそれにともなう後背湿地環境の消滅によって、そのままでは絶滅する運命にあった野生生物を水田環境が引き継いできたということもできる。里山についてもかつて自然のかく乱によりつくられてきた1つの自然環境を人為的につくり、維持することでそこに生育・生息する野生生物を守る役割を果たしてきたといえる。

　今の照葉樹林帯がかつて落葉広葉樹林に覆われていた時代の生き残り（遺存種）であるカタクリ、カンアオイ、ミドリシジミ類、ギフチョウなどは、二次的自然を、かつて存在した落葉広葉樹林の代替環境として利用してきた代表的な野生生物である。このため二次的自然の開発等による破壊、あるいは管理放棄による自然遷移は、そうした野生生物を絶滅に導く可能性がある。この意味で二次的自然には、原生自然の単なる代償植生といえない面がある。

　したがって、自然を守るというときには、その目的により人為的な介入を排除する場合（原生自然の保護）と人為的介入を必要とする場合（二次的自然の保全）があるということになる。これは言い換えると、生態系を守っていくには、自然の遷移をそのまま肯定するか、あるいはある特定の時点における自然をできる限り現状のままに止めておくかという、大きく2つのやり方があるということである。

　自然は常に変化しているため、厳密な意味では特定の状態に止めておくこと

は難しい。しかし里山の例のように人手を加えることで、あるレベルでの遷移状態を維持していくことはできる。かつて里山の木は、伐採して薪や炭の原料とし、林床の落ち葉は堆肥原料に用いられた。伐採した林はある程度時間がたつと回復し、その段階で再度伐採するというサイクルのもとで持続的な利用が行われてきた。管理された里山では、生長の早いコナラ、アカマツなどが優占する林ができ、ここにクヌギなどの樹種も植栽され雑木林の代表的な構成種になった。このような里山の生態や機能を認識し、地域で管理することで、その地域の野生生物を保全していくことができる。

1 自然生態系保護・回復のための基礎知識

図1-4(a) 管理された雑木林の例
　雑木林のような二次的自然もまた、野生生物の貴重な生育・生息空間であり、生物多様性保全の視点からも、原生自然と同様に守っていく必要がある。

図1-4(b) 遷移進行による植生変化の例
　二次的自然は放置しておくと遷移が進行し植生が変化してしまう。二次的な自然を一定のレベルで維持していくためには定期的な人為的介入が必要である。

1-3-3 自然生態系の保護に必要な認識

　自然生態系保護に必要な認識には次の３つをあげることができる。その第一は、土壌の重要性に対する認識である。「自然生態系のしくみ」でも述べたように、自然生態系の豊かさを支えているのは、生態系ピラミッドの底辺にある「土壌」である。つまり自然生態系を保護することは、土壌を守ることから始まるということもできる。

　第二に、生物多様性確保の重要性に対する認識である。それぞれの地域特性の中で、生物種が多様であればあるほど自然生態系の安定性もそれだけ高まる。生態系は植物連鎖に代表される、様々な構成要素間の相互依存関係によって成立している。自然が豊かであるということは、それぞれの地域特性の中で生育・生息する生物が多様であるということになる[注2]。

　生物多様性を確保するということは、自然生態系全体を守るということである。自然生態系のバランスを無視してその一部分だけを守る活動は、必ずしも有効とはいえない。自然生態系を守ることは、単にある特定の生物を保護するために実施するものではなく、私たちだけでなく私たちの子孫までもが恒久的に自然資源を活用し、持続的な社会を築いていくために実施するものである。

　第三に、土壌の保存とは言い換えれば、土地を確保することにほかならないという認識である。日本における近年の歴史を振り返ってみても、すさまじい勢いで開発が進められたことがよくわかる。

　このような状況から土壌、さらに自然生態系を守るのに有効な手段は、主に次の二つである。まず重要な場所を保護地域に指定することである。わが国にも諸外国同様、生態系保全に資する法令がある。こうした法令に基づき保護区にして、開発行為から守ることが第一に考えられる。次に土地そのものを買い上げる、あるいは借り上げるといった方法が考えられる。国や地方自治体による土地の公有地化あるいは環境NGOなどが全国各地で行っているトラスト活

注2）熱帯雨林地域は、種の多様性が最も高いため当然守る必要がある。一方、極地や砂漠といった地域は、熱帯雨林地域に比べると種の多様性が著しく低いが、これらの地域においても、そこに生育・生息する野生生物が互いに結びつき微妙な生態系のバランスを保っている。またこれらの地域には、その地域固有の貴重な生物が成育・生息している。このため地域特性をもった極地や砂漠といった地域も熱帯雨林地域と同様に守っていくことが必要である。

動などがそれである。

　自然生態系の状況を把握する上での調査・研究は重要であるが、それだけでは自然を守ることはできない。重要なのは、調査結果に基づいて具体的に、限られた土地をいかに確保し、実際に開発の危機から守り、破壊された地区については、そこを回復させていくかということである。

　自然の価値については後述するが（「自然の価値と役割について」p.38参照）、従来は自然の価値のうち、人間にとって直接の経済価値の観点から保護の必要性を訴えてきた。最近ではこのような人間にとっての直接的な利用価値だけでなく、それ以外の公益的価値（外部経済）についてもようやく目が向けられるようになってきた。

図1-5　桶ケ谷沼（静岡県磐田市）

　桶ケ谷沼（7.43ha）は、野生生物の貴重な生息・生育地で、これまでにトンボ67種、野鳥156種、植物650種が確認されている。静岡県では平成元年（1989年）から2年（1990年）にかけて、沼周辺の土地約44haを買収し、平成3年（1991年）には沼一帯が県の自然環境保全地域に指定された。

自然生態系について考える

2　自然生態系破壊の現状

2 自然生態系破壊の現状

2-1 農林水産業と自然破壊

「農地」とは原生自然環境を破壊（改変）し、農業という特定の目的に合わせて整備した土地のことである。日本の歴史上、農地造成が大規模に進められたのは、戦国時代末期以降、江戸時代に入ってからといわれている。事実、16世紀末時点のわが国の耕地面積は150万haと推定されるが、土木技術の発達などを背景に大河川下流域の後背湿地を水田に変える自然破壊が全国的に始まった。日本の耕地面積は明治37年には525万ha、大正元年571万ha、そして昭和36年には609万haに達した。明治13年から昭和36年の約80年間は、毎年1～2万haの農地造成という名の自然生態系の破壊が行われた計算である。

農地造成イコール自然破壊という事実の一方、造成された水田環境を多くの野生生物が自然環境の代替環境として利用していたことも事実である。この意味で、伝統的な農業は、自然といわば調和していた。

しかし、自然と共生する形で成り立ってきた伝統農業は、戦後、特に1960年以降急速に産業形態を変えてきた。この産業形態の変化は、農業を直接あるいは間接的な加害者（すなわち汚染発生源あるいは環境破壊要因）へと変貌させた。

農業の場合、技術進歩に伴う機械化は、これまで大量の労働力を必要とした田植えや稲刈りを少人数でもできるようにした。またトラクターやコンバイン等の大型機械のメリットを最大限に活用するため、大規模な農地基盤整備事業が広範にわたり進められ、野生生物の生息環境を単調化してしまった。基盤整備事業に加え、農地への殺虫剤、除草剤、化学肥料などが大量に投与され、タガメをはじめ多くの水生昆虫が全国各地で姿を消した。

さらに燃料革命による農家の生活スタイルの変化により、伝統的な農村の生物多様性は大きく低下した。土水路の多くは、コンクリートで固められ、水路に生息していた淡水貝類や淡水魚などが激減した（図2-1）。また、冬場に乾田化させるところも多くなった。このため水田においても土壌が風食されるという事態が起きている。こうして、水鳥、カエル、魚類、水生昆虫といった田んぼを自然湿地の代わりとして利用してきた生き物は、次々とみられなくなった。

2　自然生態系破壊の現状

図2-1(a)　生きものと身近にふれあえる土水路
　自然と調和した伝統的な素堀りの水路には、ドジョウやフナをはじめとした多様な野生生物が生育・生息し、子供たちにとって身近な自然との触れ合いの場であった。

図2-1(b)　コンクリート張りの直線水路
　戦後の農業近代化の流れの中で、伝統的な素堀りの水路はほとんど姿を消し、コンクリート張りの直線水路に変わってしまった。それとともに、かつての素堀りの水路に生育・生息していた多様な野生生物も激減してしまった。

また農地で使用される化学肥料や未処理のままの家畜のふん尿には、大量の窒素やリンが含まれている。これらが川や湖に流れ込むことで富栄養化が発生し、河川、湖沼、地下水の水質悪化を引き起こしている。
　自然環境を改変して造られた日本の農地であるが、ピークであった昭和36年の約609万haからは減少を続け、宅地や道路への転用が進み平成16年には約471万haになった。そしてわが国の食料自給率も40％（平成16年度）にまで落ち込み、今や国内農産物の作付け面積の約2.5倍に当たる1,200万haは海外農地に依存している。わが国への農産物輸出国の多くでは、不適切な農産物生産に伴う土壌流出や水質汚染といった環境問題が深刻化してる。さらに、輸入した大量の食料や家畜などは、ふん尿となって一方的に日本国内に貯まり、窒素による土壌や水質の汚染を引き起こしている。
　林業についても農業と同様に、その形態の変化が自然環境に大きな影響を与えている。わが国の森林面積は、約2,512万ha（平成14年3月現在）で国土の約66％を占める。このうち、天然林の占める面積はおよそ1,335万ha（森林の約53％）であるが、その面積は昭和41年から平成14年までの間に約216万haも減少している。一方、この間のスギ・ヒノキ・カラマツなどの植栽による人工林面積の増加は約243万ha、森林面積の比率にして約32％から41％へと増大している。
　人工林比率の増加は、戦後に林野庁が日本全国で進めた、拡大造林という林業政策が大きな原因となっている。この政策で原生林を含む天然林の大規模一斉皆伐とスギ・ヒノキなどの大規模一斉植林が行われた。結果として森林は、スギ・ヒノキといった単調な樹林に変えられ、種の多様性の低下や花粉症の増加といった問題を引き起こしている。
　林業への農薬使用としては、松枯れの原因と考えられている「松くい虫」を防除するために空中散布される薬剤がある。しかし、現実には松枯れは止まっておらず、松林への空中散布の有効性については疑われている。ただ、この空中散布により、その地域に住む多くの野生生物が悪影響を受けていることは確かである。
　林業による自然生態系の破壊は、林業生産という面的な破壊によるものだけでなく、林道建設に伴うものもある。特に問題が大きいのは、緑資源幹線林道（特定森林地域開発林道、いわゆるスーパー林道と大規模林業圏開発林道、い

わゆる大規模林道と以前呼ばれていたもの）である。こうした林道建設は、森林を野生生物の貴重な生育・生息空間であるといった視点、つまり森林をビオトープ（野生生物の生息場所）としてとらえる視点が、かならずしも十分ではない。また林道建設は、今日木材搬出という林業目的以外にも、例えば地場産業の振興や過疎化対策としても位置づけられているが、長期的に見てその効果が疑わしいものも少なくない。

　漁業は、他の多くの一次産業とは異なり、自然界で生産される野生生物を直接採集することが主体となっており、その動向が直接野生生物の個体群に影響する。水産資源の管理に関する国内、国際的な取り組みは遅れていたが、200海里漁業区域の中で、各国内の水産資源管理を行うことを基本とした、国連海洋法条約（1982年採択）が1994年にようやく発効（わが国は1996年に批准）し、また、各国の200海里に属さない公海漁業に関する国連の新たな協定が1995年に策定され、さらに平成13年（2001年）6月に水産資源の適切な保存と管理について規定した水産基本法が制定され、ようやく漁業資源の持続的利用の基礎がつくられた。

　日本の漁業生産量は、1980年代までは世界第1位であり、1984年には過去最高の1,282万トンを記録した。しかし、その後は輸入比重の増加にともなう遠洋漁業の縮小、沿岸・沖合の資源状況の悪化により一貫して減少し、2003年には608万トン（世界第4位）になるとともに、食用魚介類の自給率も57％まで減少した。

　その一方で、世界の水産物貿易の規模は1997年まで拡大傾向で推移し、その後、やや縮小しているものの、輸入金額、輸出金額ともに600億ドルに達している（2003年）。このうち、国民の動物蛋白質供給の約4割（2004年）を水産物が占める日本は、全世界の水産物貿易額において、輸入額の18％、輸入量の11％（いずれも2003年）を占め、数量・金額ともに、世界最大の水産物輸入国となっている。

　1980年代までの日本の漁業は、沿岸・沖合から次第に遠洋漁業へシフトし、拡大を続けたが、その後、遠洋漁業が縮小し、また当時すでに乱獲の弊害が強く指摘されてきた沿岸漁業で、その後の漁業生産量も横ばいまたは減少傾向を続けている。

　1997年1月から、サンマ、スケトウダラ、マアジ、マイワシ、サバ類および

ズワイガニの6種について、国連海洋法条約に定められた漁獲可能量（TAC）制度が、海洋生物資源の保存及び管理に関する法律にもとづき運用開始され、平成10年（1998年）からはこれにスルメイカが対象として加えられた。また、平成13年（2001年）からは、操業日隻数などの漁獲努力量に上限を設定することにより漁獲を管理する漁獲努力可能漁（TAE）制度を創設し、アカガレイ、イカナゴ、サメガレイ、サワラ、トラフグ、マガレイ、マコガレイ、ヤナギムシガレイ、ヤリイカの9種が指定されている。さらに、資源の回復を図ることが必要な魚種や漁業種類を対象とした資源回復計画も、国や都道府県によって策定されている。日本は、海域別の水産資源量の解析が最も進んでおり、1960年代から、漁業資源量推定を行っている。現在も日本周辺水域に分布している主要な水産資源の概ね40種80系群について資源評価が行われている。ただし、資源評価の結果が、毎年決められる漁獲量の上限に適切に反映されていないという指摘もあるなど、改善の余地がある。

　また、1980年代に、全漁獲量の減少とともにようやく全漁業生産の10%に達した養殖業についても問題がある。海面いけす養魚とは、ハマチ蓄養などで用いられる養魚方法だが、コストダウンを主体に管理されるため、大量に飼料や水産用魚病薬品を投与している。このため、沿岸環境汚染のおそれが大きい。法律の整備を含む沿岸環境汚染の対策が進んでいない現在、養殖業も一概に推奨できない。

　内水面漁業の生産量は10万トン近くにまで減少してきている。日本の漁業生産量の全体からすると量的には少ないが、このなかで行われている、アユに代表される大量の種苗放流は、交雑により、地元のアユの遺伝子の多様性を低下させるおそれのあることが指摘されている（p.56参照）。

　また、サケに代表される、卵や稚魚を大量に自然界に放流して漁獲高をあげようとする「栽培漁業」については、長期的にみて資源維持に役立つ方法と言われているが、自然生態系への影響がどの程度起こるかについてのデータがないまま拡大されており、川に帰ってくるサケの個体の小型化などが、すでに指摘されている。

コラム2 農地造成と自然破壊

　わが国の干潟は、昭和20年には82,621ha存在したが、農地造成を目的とした干拓事業などにより、平成8年には51,443haまで減少した。現在も長崎県の諫早湾において干拓事業が進められているが、この事業で消滅する干潟面積はおよそ3,000haに達する。これは過去10年間に失われた全干拓面積に匹敵する広大な面積である。

　日本の干潟は、アジア・太平洋エコロジカル・ネットワーク（p.142参照）を象徴するシギ・チドリ類の中継地、越冬地になっているほか、天然の水質浄化施設の役割など多面的な機能を持つ貴重な空間である。干潟とそれを取り巻く浅い海は、多くの魚の産卵や稚魚時代を過ごす場所でもあることから「海のゆりかご」とも呼ばれている。諫早湾での農地造成は、農業が自然破壊であることを示す典型的な事業である。

国営諫早湾干拓事業で長崎県に造られた全長7.05kmの潮受堤防と干上がっていく干潟。

2-2 工業と自然破壊

　産業革命は、石炭をエネルギー源にした蒸気機関が発明されたことから始まった。その後200年以上にわたり、石炭そして石油といった化石燃料を利用することで、多くの先進国は工業を中心に発展させた。一方、資源を大量に利用する工業の発達にともない、深刻な自然破壊がもたらされた。資源の消費は、使用時における自然生態系への負荷以外にも、資源の採掘、輸送、精錬、加工、廃棄といったそれぞれの段階で負荷を与えている。

　多くの原料資源の消費量は今なお増加傾向にあり、地球上で利用可能な資源は底をつきはじめている。主な地下資源の可採年数（埋蔵鉱量／生産量）を見てみると、石油41年、天然ガス67年、亜鉛鉱22年、スズ鉱22年、銀鉱13年（資源エネルギー庁「平成16年度版総合エネルギー統計」、USGS「Mineral Commodity Summaries 2006」）などとなっている。

　資源の再利用が進まないことも、有限である資源の利用可能年数を短縮させる原因となっている。例えば、わが国を代表する先端産業である半導体素子の製造には、金をはじめモリブデン、タングステン、シリコン、アルミニウムなどさまざまな元素が使われ、国内だけでも年間約300億個もの半導体集積回路が作られている。しかし、使用される製品は極めて薄く、小さく、そしてその分布が広い範囲にわたっているため再利用しにくい。近年、半導体素子などの貴金属類を回収する動きもでているが、もともとの製品が再利用しにくい仕様になっているため、経済ベースに乗せるのが難しく、多くは使用後に廃棄されるのが現状である。

　さらにこれらの資源の輸送には自動車、船舶、鉄道などが使われるが、その移動時に二酸化炭素やさまざまな有害物質が排出される。最近では、資源の輸送時の事故による自然生態系への影響も深刻化している。例えば、1989年にアラスカで座礁した「エクソン・バルディーズ号」、1997年に日本海で座礁した「ナホトカ号」による油の流出は、海鳥をはじめ大量の野生生物を死滅させた。

　このほか、化学工業により合成された自然界に存在しないさまざまな化学物質による、自然生態系への影響が懸念されている。最近では、成分が生物に蓄積されることにより、生体のホルモンに異常をきたすおそれのある内分泌かく乱物質（いわゆる環境ホルモン）に関する研究が進み、生物への影響が解明さ

れはじめている。例えば、1960年から1990年まで貝や藻類が船底へ付着するのを防ぐために使用された有機スズ系の塗料は、内分泌かく乱物質のひとつで、日本近海に生息する海産巻き貝の一種であるイボニシに発見されたインポセックス（産卵不能個体）の原因物質とみられている。高濃度の有機スズは、瀬戸内海や長崎近海のスナメリ（イルカの一種）の肝臓からも検出されている。

　有機スズ系化合物のほかにも、廃棄物燃焼時などに発生するダイオキシン、プラスチック原料としても使われるビスフェノールＡ、工業用洗剤などに使われる界面活性剤の分解物であるノニルフェノールなどが、内分泌かく乱作用をおこす原因物質であると考えられている。はやくも1997～1998年にかけて東京都の多摩川で実施されたコイの生態調査では、捕獲した38匹のコイのうち11匹に生殖異常が見つかり、この付近で検出されているノニルフェノールの影響が疑われている。

　資源の大量消費に伴って大量に発生する廃棄物の処理についても、その処分場の建設や廃棄物の処分・管理方法などをめぐって様々な問題が浮上している。処分場の建設に伴う自然破壊もあげられるが、近年は一時保管や資源置き場などと称し、大量の残土や廃棄物が遊休農地や雑木林に放置されるという問題も全国で発生している。平成16年度における産業廃棄物の不法投棄件数は、発覚したものだけでも全国で673件、重量にして41.1万トンにのぼった。加えて、これらの除去については排出事業者など原因者が行うのが原則であるが、原因者が不明、または原因者の資力がないなどの理由により、不法投棄されたゴミの処分が進まないという問題もある。

　廃棄物処分場の建設が住民に受け入れられない原因のひとつに処分場の不適切な維持、管理がある。産業廃棄物処分場（国内33カ所）からしみ出す浸出水を国立環境研究所が調査（1994—96）した結果、30種類もの内分泌かく乱物質を含む多くの有害物質が検出された。産業廃棄物の中身は廃プラスチック類、下水汚泥、焼却灰、建築廃材などであるが、このなかで特に廃プラスチックから多くの内分泌かく乱物質が出ていることが判明している。しかし、現在こうした物質に対する十分な法的規制はない。

　わが国の工業は、大量の資源を輸入し、それを加工し付加価値をつけ輸出するというかたちで貿易黒字を拡大してきた。わが国の貿易は、ものの輸入量が輸出量を大幅に上回り、必然的にゴミ問題を発生させている。さらに、海外か

ら輸入している多くの資源は、リサイクル資源よりも価格が安いため、資源の輸入量はなかなか減少しないのが現状である。

　日本の資源の採取から物質の利用を経て廃棄に至る物質の流れのインプットおよびアウトプット（マテリアルバランス）を示すと右図のようになる（図2-2）。この図で示されるように、平成15年度に資源や食料品など海外から輸入した量は、7.88億トンである。一方、国内で加工した製品などの海外への輸出量は1.41億トンとなり、物質量の差引き6.47億トンもの物質が、輸入超過として国内に製品などの形で蓄積し、またはゴミとして捨てられている。

　わが国のように国土の狭い輸入中心国では、物質過剰輸入がゴミ問題を引き起こす。一方で、資源輸出が中心の国では、石油、石炭、木材などの資源や亜鉛、スズ、ニッケルといった鉱物資源が失われている。この輸出入のバランスの崩れは、国内外の窒素収支にも大きく影響している。わが国は、食料品や窒素肥料などを多量に輸入しているため、国内の土壌に大量の硝酸態として窒素がたまっている。これらの窒素の一部は、生態系にそのまま放出され、水環境に富栄養化をもたらすなど、生態系をかく乱している。このように工業化社会が動かす資源の量は、自然界における本来の物質の移動やエネルギーのバランスを崩すまでに増大してきている。

2 自然生態系破壊の現状

図2-2 わが国のマテリアルバランス（平成15年度）

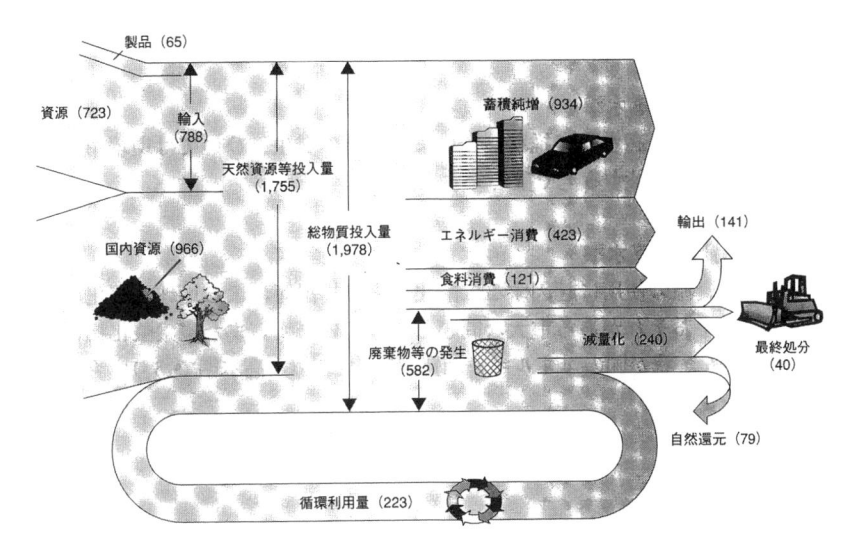

製品（65）
資源（723）
輸入（788）
天然資源等投入量（1,755）
国内資源（966）
総物質投入量（1,978）
蓄積純増（934）
エネルギー消費（423）
食料消費（121）
廃棄物等の発生（582）
輸出（141）
減量化（240）
最終処分（40）
自然還元（79）
循環利用量（223）

環境省資料より

　平成15年度に海外から日本に輸入された資源量は7.88億トン、一方、国内で加工した製品などの海外への輸出量は1.41億トン。差引き6.47億トンもの物質が、輸入超過となっている。輸入量が輸出量を大幅に上回っているわが国の貿易のあり方に、ゴミ問題の本質がある。

2-3　自動車交通と自然破壊

　第二次大戦後わが国では、道路整備を重点的に進めてきた。その結果、道路延長は昭和30年末の98万8,800kmから平成15年（2003年）に118万3,000kmに、高速自動車国道にいたっては昭和38年度の71kmから平成17年（2005年）3月末現在、7,363kmへと飛躍的に伸びた。しかし、その結果まとまりのある自然環境が交通網によって分断されるなど、自然生態系の破壊も進んだ。

　道路の建設による生態系への影響は主に次の5つに分けられる。①道路敷（舗装路面の全体と道路建設の際の切取り・盛土（もりど）によって造成される人工法面（のりめん）部分を合わせた走路建設用地の全体）の自然環境の喪失　②道路工事に伴う騒音、振動、濁水等による自然生態系への悪影響　③エッジ効果（道路開設にともなう森林伐採などによる林内の環境変化など）　④生息地の島状化（道路の構造や道路交通による横断障壁効果による）　⑤光害（沿道の照明をヘッドライトの光による周辺の動植物への悪影響）（エッジ効果と生息地の島状化はp50参照）。

　例えば日本道路公団等の資料によれば、高速道路の供用延長距離の伸びと比例して、タヌキ、イタチ、キツネ、ウサギなどのロードキル（road kill：道路上で発生する野生動物のれき死）が増加している（図2-3）。平成16年（2004年）の1年間の高速道路でのロードキルは、3万5,000件以上であった（平成18年2月、東日本高速道路株式会社調べ）。

　自動車による大気汚染は、自然生態系はもちろん、私たち人間の健康に直接的悪影響をおよぼしている。都市部では自動車からの排気ガスなどの原因で、窒素酸化物濃度の環境基準が達成されていない場所が多く、しかも改善される見込みもほとんどない。

　国内輸送機関のエネルギー消費量のうち、自動車による消費は全体の8割以上を占め、そのほとんどが乗用車とトラックによるものである。自動車などの運輸部門における二酸化炭素の排出量は、産業部門などと比較して大きく増加しており、温暖化防止対策のネックとなっている。

　自動車の増加は、石油の消費の増加をもたらし、これが原油精製の際の副産物であるアスファルトを生み、道路を増加させ、また自動車を増加させている。このようなサイクルを通じて自然生態系の基盤である生物資源と非生物資源は

2　自然生態系破壊の現状

大量に消費され続けている。

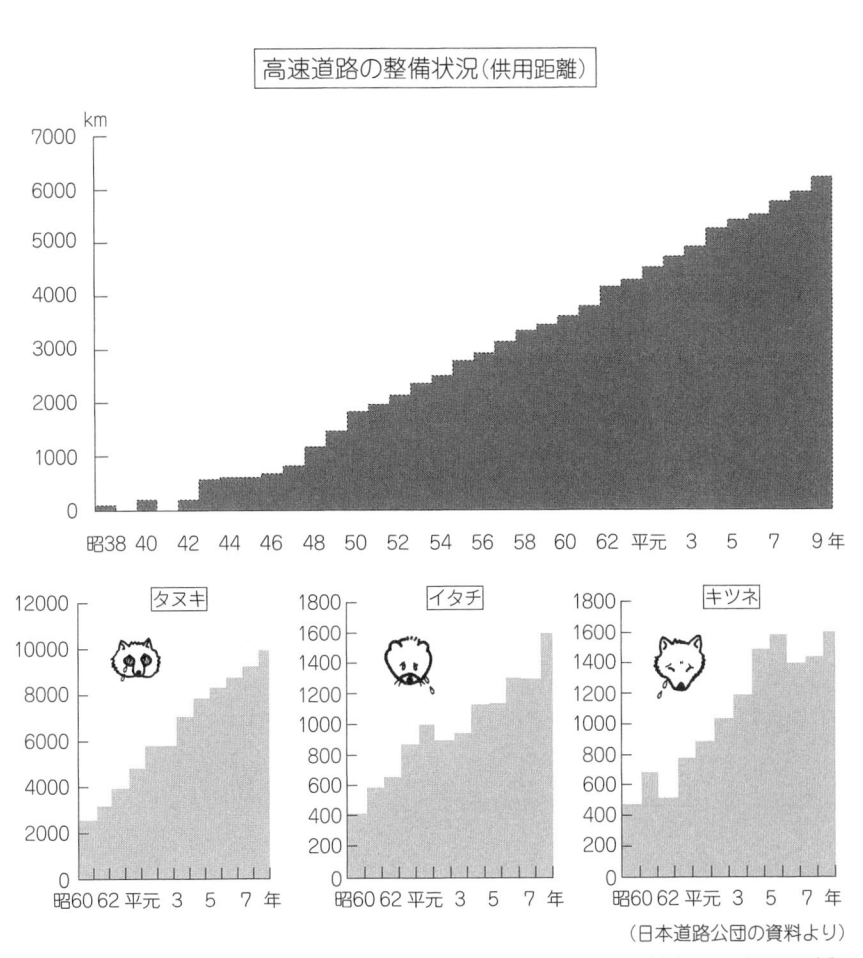

図2-3　高速道路の整備とタヌキ、イタチ、キツネのロードキルの相関関係
　道路の供用距離の伸びとともに、高速道路で交通事故死する動物の数も年々増加している。

（日本道路公団の資料より）

自然生態系について考える

3　自然の価値と役割について

3 自然の価値と役割について

3-1 文化・文明の源としての自然生態系

　エジプト文明を発展させたナイル川は、夏になると上流域で大量に降った雨が洪水を引き起こし、下流域に肥沃な土壌を堆積させた。人々は洪水の引いた後に種をまき、翌年の春に収穫する小麦などの冬作物中心の農耕を行った。これがエジプト文明を発展させる基盤となった。「エジプトはナイルのたまもの」といわれるのはこのためである。エジプトでは、ナイル川の定期的な氾濫に適応した独特の灌漑(かんがい)農業を確立させ、穀物栽培を発展させた。こうしてエジプト文明は、ナイル川が氾濫を起こし始めた約1万2,000年前から紀元前30年までという、他の文明に例を見ないほど古くから長期間にわたり続いた。

　この文明を崩壊させたのは、地中海式の天水農業に基盤をおいたローマ帝国であった。天水農業は、河川、ため池などの水源をもたず、降雨のみに依存する農業である。河川を軸とした上流・下流の関係の意識が薄く、水資源を確保するのに重要な場所である上流の森林が伐採され、それを使って陶器を焼いたり、家畜の放牧が行われた。このようにしてナイル川と人間の共存を確立してきたエジプト文明は、水や森と深い関わりをもたない地中海文明によって侵略され破壊されたと考えられる。

　一方、メソポタミア文明は、チグリス・ユーフラテス川両側のほとりで興り、紀元前2,000年頃に最盛期を迎えた。このメソポタミアを繁栄に導いたのは、肥沃な大地と豊かな森を背景とする農業力であった。ここでは、用水路を造り、ユーフラテス川から水を引く大規模な灌漑事業が展開され、さらに塩害を防止するための厳密なコントロールが行われた。

　しかし、人口の増加に伴い、農地や居住地を求めて人々は上流の森林を開拓するようになり、これが土壌流出を招き、自然生態系を破壊していった。インダス文明や黄河文明も、同じように人口増加とそれに伴う森林伐採や過放牧といった自然破壊により、文明の基盤である土壌を失い、崩壊していった。

　世界人口は今なお急激に増加を続け、2006年の世界人口は約65億人であり、2050年には100億人を超すと予想され、世界の食料資源も限界に近づいている。一方、土壌の回復力を無視した過放牧や不適切な農業活動により、アジアの農

用地面積の約3割、欧米でも約2割で土壌劣化が進んでいる。世界の食料需給は短期的な不安定さが増すとともに、中長期的にはひっ迫することが予想されている。

わが国の食糧自給率（供給熱量自給率）は40％（平成17年）とかなり低いレベルにある。それにもかかわらず、わが国では今なお国内の優良農地を含め毎年約3万haもの農地が宅地などに転用されている。

古代文明における栄枯盛衰の歴史の教訓から、私たちは生存基盤である土壌を基盤とする自然生態系を守る意義を、今こそ学ぶ必要がある。

図3-1　バールベック神殿（レバノン）
　一時代を築いた古代文明も、森林の破壊とともにその繁栄の歴史を閉じた。神殿の背後に見えるアンティ・レバノン山脈は、かつて樹木に覆われ文明の興隆を支えたが、すべて切り尽くされた不毛の地と化してしまった。

3-2 精神的財産としての自然生態系

　風光明媚な景色を眺めたり、森林浴を楽しむと、私たち人間はリラックスしたり感動を覚える。このように、自然は人間の精神に直接影響を及ぼす。この影響は、大人より子供の方がはるかに大きい。子供たちは、自然の中で友達とともに思い切り遊ぶことで、他人への思いやりや体力、精神力、豊かな想像力、的確な判断力などを養う。また命の尊さを知ったり、自立心を育成するのも、このような体験による。

　しかし、今の子供たちは自然の中で遊ぶどころか、遊ぶために外へもでない傾向にある。これは、テレビやゲーム機の普及、受験競争の激化といった子供たちを取り巻く環境が変化していることにもよるが、なにより子供たちにとって身近な自然が減少していることが大きな原因である。

　仮想ペットを育てたり戦わせたりするゲームに象徴されるような、実世界ではなく仮想世界で生き物と接する子供が増えている。死んでもすぐに生き返り、痛みの伴わない架空の生き物との触れ合いは、生命に対する子供たちの感覚を狂わせている。自然と触れ合う体験の不足は、思いやりのない冷たい人間を育て、子供たちを、いじめや犯罪にかりたてる危険がある。

　平成10年度に生涯学習審議会が行った、全国の小・中学校を対象とした「子供の体験活動等に関するアンケート調査」によると、自然体験が貧弱な子供ほど、「友人が悪いことをしていたら止めさせる」「バスや電車でお年寄りに席を譲る」といった道徳観・正義感が身についていない、という結果が出ている。

　子供たちの体力の低下も、数値上、如実に現れている。文部科学省が昭和39年から実施している体力・運動能力調査によれば、子供の体力や運動能力は全体的に低下傾向にあるという結果が出ているが、平成17年にまとめた調査においても、9歳、13歳、16歳の50m走、および13歳、16歳の持久走で昭和60年のデータをいずれも下回るという結果が出るなど、10代の身体能力の低下は大変深刻なものとなっている。

　「子どもたちの生活状況や自然・生活体験等に関する調査」では、子供たちの自然体験がますます少なくなっているという実態を浮き彫りにしている。この調査（平成12年）によれば、1回も経験がないものとして「木の実などを採って食べたことがない」53.8％、「自分の身長よりも高い木に登ったことが

ない」40.2％、となっている。これは子供たちが自然と触れ合う機会が少なくなっていることを端的に示す調査結果であるが、その割合が昭和59年、平成7年と比較して軒並み増加している点は、特に注目すべき点である（図3-2）。

また、ここ数年子供たちを中心に急増しているO-157やサルモネラ菌などによる食中毒も、自然体験の減少と無関係とはいえない。これらの菌が日本に定着する背景には、日本人の免疫力の低下が関与している。こうした事態に対し、むやみやたらに消毒したり、抗菌製品をそろえて菌から身を守ろうとすることは、かえって体内の有用な菌を少なくし、菌に対する抵抗力を弱めることになりかねない。子供をできるだけ自然の中で遊ばせ、外にいるさまざまな菌に少しずつ触れさせることで、免疫力を高め感染症への抵抗力を養うことの方が大切である。

現代の子供たちには、身近に存在する豊かな自然が必要である。自然の中での体験は子供たちが体力を養い、抵抗力を身につけ、豊かな感性を育てていく過程において非常に重要である。

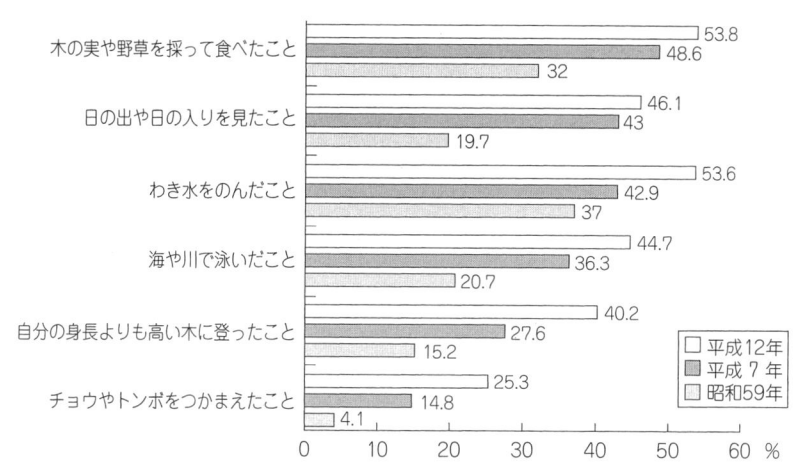

図3-2　子供たちの自然体験（「1回も経験がない」と回答した比率）
斎藤哲瑯「子どもたちの生活状況や自然・生活体験等に関する調査（1都5県の小中学生を対象）」をもとに作成
　体力、精神力、豊かな想像力、的確な判断力といったものを養うと同時に、命の尊さを知り、自立心を育成するのに欠かせない自然体験の大切さを、今一度見直す必要がある。

「学校ビオトープ」その整備と普及

コラム 3

学校の中に、野生生物の暮らす空間を呼び込む「学校ビオトープ」は、アメリカではスクールヤード・ハビタット（学校内の生物生息空間）、ドイツでは生態学的シュールガルテン（学校園）として、1980年代から盛んに整備されている。

① 生きた環境教育のために、学校にビオトープの見本園を

学校ビオトープがあれば、子どもたちは地元の野生生物のくらしに日常的に触れることができる。また、ビオトープの作業やその活用を通して、子どもたちが手足やすべての五感を使った環境教育の教材としても利用できる。たとえ狭い面積であっても、環境NGOや専門家の協力を得て、必要最小限の環境を維持することで、空間を地域の野生生物と共有できる場が生まれる。

② 学校にあるすべての「生きもの財産」を生かす

園芸植物の花壇からでは、自然のつながりや、四季の営みなどを学ぶことはできない。校内の利用可能な空間を「学校ビオトープ」として整備することにより、子どもたちは地域の野生生物について授業の時間にも触れることができるようになり、校内にある他の飼育動物や園芸植物とのくらし方の違いを含めて、学校のすべての命を比較教材として生かせるようになる。

③ 地域自然のネットワーク小拠点へ

周辺との連続性についてちょっとした工夫をするだけで、学校ビオトープには、思わぬ野鳥が水を飲みに立ち寄ったりすることがある。学校は、恒久的に土地が確保された空間が一定間隔であり、また住民が多く、自然の失われた区域ほど高密度で配置されている。このため学校ビオトープの普及は、地域の野生生物の生息地あるいは移動小拠点のひとつとして、地域の自然生態系のネットワーク発展に役立てていくことができる。

3-3　物質的財産としての自然生態系

　私たちの生活基盤である自然資源は、大きく分けて生物資源と土壌、地下資源、水、大気といった非生物資源がある。現在の私たちの生活は、これらの自然資源を利用することによって成り立っている。人類の歴史上、画期的な出来事であった産業革命は、地下資源である石炭の存在により支えられてきた。他国に先駆けて産業革命が行われたイギリスでは、それまで燃料や建築材料として木材を利用してきた。しかし過剰な森林伐採により木材が不足し、その代替燃料として石炭を使ったことで産業革命を成立させた。

　現代の社会は「石油文明」といわれるように、日常生活と石油が密接に関係している。石油は、世界全体のエネルギー供給源の約40％に当たり、石油への依存を高めてきたわが国では、現在一次エネルギーの半分以上を石油に依存している。

　このためわが国にとって石油がなくなることは、発電などに必要なエネルギー資源をなくすだけでなく、食料生産にも深刻な影響を与える。さらに石油は、衣類、洗剤、プラスチックといった身近なところでも使われており、私たちの生活になくてはならないものとなっている。しかし、この石油の可採年数はわずか41年ほどでしかない（8-1　地下資源と生態系参照）。

　また、薬品製造にも生物資源は広く活用されている。伝統的治療薬としてこれまで利用されてきた植物だけでも、世界で約２万種にも及んでいる。今後も、抗癌物質を含む有用な遺伝子資源が、未知の生物資源の中から発見されることが期待される。

　地球上には、約200万種とも１億種ともいわれる生物が存在している。しかし、現在この貴重な生物資源が世界で次々と消滅している。例えば、世界保健機関（WHO）は、薬用植物のうち比較的重要度が高いものだけでも、21世紀までにすべて絶滅する危険性があると指摘している。また国連食糧機関（FAO）は、今後30年間以内に地球上の生物の25％が絶滅してしまう可能性があり、将来世代は深刻な食料問題に直面するおそれがあると警告している。

　石油などの地下資源は、消費すればその分減少し、またその過程でゴミを発生させるため、まず地下資源の消費を抑えていくことが求められる。一方、生物資源は、掘り尽くしてしまえばなくなってしまう地下資源とは異なり、再生

可能な資源である。

　生物資源を守るには、土地利用方法を見直し、そのなかで将来世代のためにどこにどのくらいの自然を残すかということを、自然保護地域と利用地域といった土地利用の区分けの中で明確にしなくてはならない。その上で、利用地域については人類生存基盤である生物資源を持続的に利用できる社会的しくみづくりが必要である。

　地球的規模での視点から多様な生物資源の集中している熱帯地域を守っていくことは緊急の課題である。それと同時にわが国でも、地域特性をもつ自然生態系を守るという視点からも生物資源を将来世代のために確実に守っていく必要がある。

　「持続可能な社会」は、再生可能な生物資源を基盤とする社会である。石油の大量消費に支えられた「持続可能な」社会などありえない。土壌を底辺とする自然生態系が人類の存続基盤とされるのはこのためである。

図3-3　世界最大の水産物輸入国である日本
　近代化した漁業形態は、大型機械や電子機器を装備した大型漁船による漁業へと変化させた。こうした設備投資に見合う採算性をもたせるために大量漁獲法が用いられ、底魚類を中心に漁業資源は減少傾向にある。

コラム 4　食糧と農業のための植物遺伝資源の保全と利用に関するライプチヒ宣言

　農産物の新品種開発に重要でありながら、環境破壊などが原因で急激に減少している農産物の多様な遺伝子資源の適切な保全と利用を進めるため、1996年6月にドイツのライプチヒで国連食糧農業機関（FAO）の国際会議が開かれた。同会議では、農業においても自然生態系を守る必要があることを明確に宣言している。採択された「ライプチヒ宣言」の概要は以下のとおりである。

○植物遺伝資源は危機的な状況にあり、遺伝的多様性は現在ほとんどの国の農地や他の自然生態系において、またジーンバンクの中でさえ失われつつある。
○食糧および農業のための遺伝資源は、国家間及び国民間で相互に依存している。このため、国家、政府内機関、NGO、民間セクターによる国際間あるいは地域間での協力を推進していく必要がある。
○緊急の課題として、特にジーンバンクなど生息地外で現在保管されている遺伝資源、および現存する植物遺伝資源の生育地の保存がある。
○第一の目的は、世界の食糧安全保障を植物遺伝資源を保全し、かつ持続的方法で利用することを通じ向上させることである。

生物資源の保全の重要性に関する広報活動も各地で行われている（農水省消費者の部屋特別展示にて）

3-4　環境的財産としての自然生態系

　自然はまた、私たち人間を取り巻く社会資本として、とても大切な役割を果たしている。社会資本といった場合、一般には道路や上下水道などを指すが、自然環境もまた重要な社会資本として、公共投資の対象として明確に位置づけ、その保全および再生を図っていく必要がある。

　自然生態系には、①土壌を通じての水資源かん養機能　②土壌の持つ濾過・吸着機能を通じての水質浄化機能　③土砂崩壊防止機能　④土壌流出防止機能　⑤大気中の有害物質などの浄化機能　⑥騒音防止機能といった多くの環境保全機能がある。

　また、都市部で特に問題化しているヒートアイランド現象に関しても、まとまった緑地が確保されている場合、緑地の中だけでなくその周辺部にも熱環境を緩和する効果がある。

　東京都の都心部に位置し、約60haの面積を持つ公園である新宿御苑とその周辺部において夏の気温を計測したところ、園内は正午過ぎて約2度、朝夕で約1度周辺市街地と比べて気温が低く、またその気温低減効果は公園外の200～250m程度の範囲に及ぶことがわかっている。また、風のない夜間は園内冷気の「にじみ出し」により、周辺80～90mの範囲において市街地より2～3度涼しい環境が形成されることがわかっている（図3-4）。このことからも、十分に緑地が確保された場所を、まとまった形で残すことが大切であることがわかる。

　現状の環境問題を解決するために、例えば水質汚染なら浄化施設という人工的な施設を設けるなど、個々の問題ごとに対策が必要な場合もある。しかし、短期的な成果を求めるあまり、人工的な浄化施設に問題解決の比重を置きすぎることは大きな問題である。個々の浄化装置は、その装置の製造や運転に莫大なエネルギーを必要とし、結果的にエネルギー消費を増加させるという悪循環を引き起こしかねない。しかも個々の問題ごとに解決を図るといったやり方は、さらに別の深刻な問題を生み出す可能性もある。例えば、洪水調整ダムは洪水の防止には一定の効果があるが、その建設により流域の自然生態系は致命的な打撃を与える。

　自然を相手にするとき、目の前の問題に対処するだけの安易な技術開発に頼

ることは非常に危険である。多面的かつ優れた環境保全機能をもつ自然生態系の役割を理解し、確実に守っていく必要がある。さらにまた、自然生態系を回復することも、地球環境時代に即したこれからの社会にとって重要な課題である。

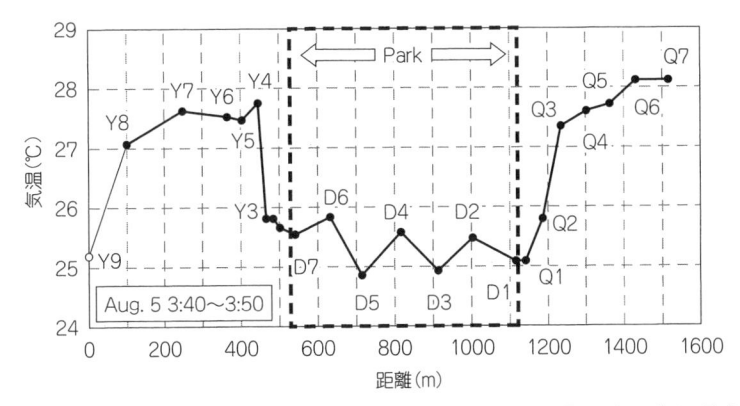

図3-4 新宿御苑（Park）とその周辺市街地における「にじみ出し現象」出現時の気温断面分布

（成田（2000）をもとに作成）

　風のない夜間において、冷気が緑地内だけでなくその周辺部にまで及び、市街地の熱環境を緩和していることがわかる。

森林の公益的機能（多面的機能）について　コラム5

　林野庁では、日本学術会議の協力を得て、森林の多面的機能のうち同等の機能を持つ人工施設の建設費用などをもとに、その価値を試算している（2001年）。二酸化炭素吸収、表面浸食防止などの8機能について評価した結果、森林の多面的機能は年間約70兆円であった（下表）。

　森林の有する生物多様性保全機能については、その全体を、現在、貨幣評価することは不可能とされていることなどから、下の表には含まれていない。

森林の公益的機能（多面的機能）

機能の種類	評価額
二酸化炭素吸収	12,391億円／年
表面侵食防止	282,565億円／年
表層崩壊防止	84,421億円／年
洪水緩和	64,686億円／年
水資源貯留	87,407億円／年
水質浄化	146,361億円／年
化石燃料代替	2,261億円／年
保健・レクリエーション	22,546億円／年
合　　計	702,638億円／年

（出典）日本学術会議答申(2001年)および林野庁資料をもとに作成

森林には表面侵食防止、洪水緩和、水質浄化など様々な国土・環境保全機能がある。

私たちの地球は今

4　生物多様性と保全生態学

私たちの地球は今

4 生物多様性と保全生態学

4-1 野生生物を絶滅に追い込む原因

4-1-1 生息地の破壊

　野生生物絶滅の最大の原因は、生息地の破壊である。生息地の破壊には、全域消滅、縮小、分断、島状化、(有害物質などによる) 質的低下などがある。

　野生生物は生存上、ある特定の環境タイプ、すなわちビオトープを一定面積以上必要とする。この面積は種によって大きく異なる。一般に、生態系ピラミッドで栄養段階が上位のものほど、生存に必要とする面積は広い。野生動物の面積要求に関する資料を表4-1(a)、(b)に示す。自然生態系を守るためには、各野生生物の生態、特に環境選択や行動圏に関する情報が必要不可欠である。しかし、わが国ではまだこの種の調査研究が十分行われていない。

　生息地の全域消滅・縮小という観点と重なりながら、近年、生息地の分断・島状化が野生生物に与える悪影響が重視されている。ここでは「エッジ効果」と「生息地の島状化」について述べる。

　エッジ効果 (edge effect) の例として、森林が道路で分断された場合をあげる。道路建設は、道路敷となる森林の直接的破壊はもちろん、道路敷になっていなくても、林内環境をその何倍も消滅させる効果をもつ。林内と林縁部は、日射量や土壌の水分条件、また外部からの他生物の影響などにより環境が大きく異なる。こうした場所は、たとえ見かけ上は森であっても、もはや純森林性動物の生息地ではなくなっている。

　生息地の島状化 (isolation) の例として、田島ケ原のサクラソウ自生地 (埼玉県) がある。当地は国の特別天然記念物 (文化財保護法) に指定され、約4haが保護区となっている。しかし、周囲で工場、宅地、ゴルフ場などの開発が進んだことにより、種子生産に必要な花粉を媒介する昆虫がいなくなってしまった。自生地の島状化により、野生生物の絶滅が懸念される典型的な例である。

表4-1(a) 野生動物ひとつがい、または一個体の生息必要面積

種　名	生　息　地	平　均　面　積
イヌワシ	森林限界付近の高山のビオトープ	10,000～14,000ha
オオタカ	開けたビオトープでネットワークされた針葉樹と広葉樹からなるビオトープ	3,000～5,000ha
コウノトリ	草地ビオトープ	200ha
ダイシャクシギ	湿性採草地	25ha
タシギ	湿性採草地	1ha
Gryllus campestris（コオロギの仲間）	乾性採草地	>0.5m^2

表4-1(b) 野生動物個体群の存続必要面積

種　名	生　息　地	最低限の面積
タイリクオオカミ	広大な森林ビオトープ	60,000ha（600km^2）
ユーラシアカワウソ	水域ビオトープ	14,000～20,000haの広さの水域または50～70kmの長さの岸辺
ヨーロッパオオライチョウ	森林ビオトープ	5,000～10,000ha
ダイシャクシギ	湿性採草地	250ha
タシギ	湿性採草地	10ha
Gryllus campestris（コオロギの仲間）	乾性採草地	3ha

(Heydemann 1981、Riess 1986ほかより作成)

4-1-2　乱獲で追いつめられる野生生物

　一般に乱獲とは、ある個体群が自然繁殖能力によって維持される以上の速度で個体を捕獲・採取することをいう。日本では江戸時代まで徹底した禁猟政策がとられていた。しかし、明治になり禁猟制度が廃止されたため、各地で鳥獣の乱獲が始まった。この結果わずか数年の間に、ツル類やトキ、コウノトリ、カワウソなどの大型鳥獣類の数が各地で激減した。もっとも悲惨な例はアホウドリである。明治の半ばから乱獲が始まり、わずか20年足らずの間に500万羽が撲殺されたといわれている。アホウドリは現在、国の天然記念物などに指定され保護対策が図られているが、主な繁殖地である鳥島における平成17年（2005年）の推定個体数は、まだ1,700羽程度である。

　動物の減少に大きくかかわるのは、商業目的の狩猟である。狩猟の目的も多岐にわたり、毛皮や羽などを売るケース、肉を売るケース、内蔵や骨などを売るケースもある。なかでも毛皮や羽を目当ての場合が多い。上述のアホウドリも羽毛布団の材料として高品質であり、また1羽当たりの羽毛量も多いことから乱獲が進んだ。

　現在、狩猟については鳥獣保護法に基づいて一定の規制がなされているとはいえ問題も少なくない。例えば、農作物などに被害を及ぼす鳥獣に対して同法に基づき有害鳥獣捕獲が実施されている。ツキノワグマも、植林のための自然林伐採による餌不足を補うために里に下り、農作物を食害するや有害鳥獣とされ、平成2年〜平成12年の間、毎年約1,000頭が有害鳥獣として捕獲されている。狩猟数と合わせると毎年約1,500頭が捕獲されている計算である。特に平成16年は相次ぐ台風の上陸と夏の猛暑による深刻な餌不足が原因とされる、人里への大量出没がみられた。各地で農業被害や傷害事故が相次いだが、結果この年だけで実に2,000頭以上ものツキノワグマが有害鳥獣として捕獲された。生息地の分断や島状化により、絶滅が危惧される動物であるにもかかわらず、である。

　この数年、野生動物による農林業への被害が深刻化しているといわれる。しかし、ただ駆除を推進するというだけではなく、例えばツキノワグマであれば、その個体群の長期的維持のために、そして里におりてこないようにするためにも、森林の再自然化などを大胆に進めていくことが必要である。

植物についても状況は同様に深刻である。わが国における絶滅のおそれのある野生植物のうち約3割は、園芸目的の採集（主として山草業者）がその原因とされている。特にランについては、絶滅危険性の原因の6割以上が園芸目的による採集である。海洋島である小笠原諸島の場合でも、そこに生育する11属16種のラン科植物（うち14種は固有種）のほとんどが、盗掘が原因で絶滅の危機に瀕している。小笠原諸島では、このほかにもオガサワラツツジやオガサワラグワといった貴重な植物の個体数も採集により著しく減少している。

4-1-3 分布を広げる外来種

　鎖国政策をとっていた江戸時代から文明開化の明治へという新しい時代の幕開けは、一方で外来種による生態系かく乱の始まりでもあった。「外来種」とは、本来の生息地から別の場所へ、人間が、船、飛行機、鉄道などで意図的、非意図的を問わず移動させた生物のことである。海外からだけでなく、北海道と本州というように国内における移動も含まれる。日本には多くの外来種がすでに定着してしまっている。例えば、日本に今、生息している淡水魚約300種中、39種は外来種である。

　港湾、飛行場において、「植物防疫法」、「家畜伝染病予防法」に基づく防疫体制がとられているが、これらは農業・畜産業振興の観点によるものであり、自然生態系保全という観点からのチェックにはなっていなかった。また、現在すでに外来種の影響で、絶滅の危機に瀕している日本の野生生物が多いという現状があったため、平成16年（2004年）に、「特定外来生物による生態系等に係る被害の防止に関する法律」が制定された。

　外来種が自然生態系に与える影響は、主に次の2つに分類できる。

1）外来種による在来種の捕食・病害

　例えばオオクチバス（通称ブラックバス）は、1925年に北米から釣用種として神奈川県芦ノ湖に移入された後、それが持ち出され各地で放流が繰り返された。その結果、分布域も拡大し、ほぼ全国でその生息が確認されている。オオクチバスは肉食性が強いことから、在来魚種などに与える影響は大きい。またオオクチバスのほかにも、ブルーギルやコクチバスといった、肉食性の外来種の分布域も拡大している。

　ハブの天敵として沖縄県に1910年に移入されたジャワマングースは、薬物によらない有害動物の駆除として当時は評価されたが、シロハラクイナなどの水鳥への食害を発生させたり、奄美大島では、アマミノクロウサギ（絶滅危惧ⅠB類）激減の一因となっている。

　ペット用に移入されたアライグマも野外に定着し、岐阜県などでは繁殖の確認もされている。アライグマには、固有の回虫が寄生しており、アメリカでは人間の感染死亡例も報告されている。

表4-2　わが国に入り、その後定着した主な外来種の一覧

植物	アゾラ・クリスタータ、アメリカセンダングサ、アレチウリ、イチビ、イヌムギ、オオアレチノギク、オオイヌノフグリ、オオオナモミ、オオカワヂシャ、オオキンケイギク、オオハンゴンソウ、オオフサモ、オオブタクサ、オニウシノケグサ、カラクサガラシ、カラクサナズナ、キクイモ、キショウブ、キハマスゲ、ゲンゲ（レンゲソウ）、シロツメグサ、シロバナチョウセンアサガオ、ショウヨウガヤツリ、セイタカアワダチソウ、セイヨウカラシナ、セイヨウタンポポ、タチイヌノフグリ、ナガハグサ、ネズミムギ、ナガエツルノゲイトウ、ナルトサワギク、ノボロギク、ハリビユ、ハルガヤ、ハルジオン、ヒメオドリコソウ、ヒメカシヨモギ、ブタクサ、ブラジルチドメグサ、ボタンウキクサ、ホテイアオイ、ミズヒマワリ、ワルナスビ
ほ乳類	アカゲザル、アメリカミンク、アライグマ、ジャワマングース、クマネズミ、タイワンザル、タイワンリス、チョウセンシマリス、ヌートリア、ハクビシン、マスクラット
鳥類	カオグロガビチョウ、カオジロガビチョウ、ガビチョウ、コウライキジ、コジュケイ、コブハクチョウ、ソウシチョウ、ベニスズメ、ワカケホンセイインコ
両生類・は虫類	オオヒキガエル、ウシガエル、グリーンアノール、ミシシッピアカミミガメ
魚類	アオウオ、オオクチバス、カダヤシ、カムルチー、カワマス、コクチバス、コクレン、ソウギョ、タイリクバラタナゴ、タイワンドジョウ、チャネルキャットフィッシュ、ニジマス、ハクレン、ブルーギル
昆虫	アオマツムシ、アメリカシロヒトリ、アルゼンチンアリ、アリモドキゾウムシ、イセリヤカイガラムシ、イネミズゾウムシ、オンシツコナジラミ、クロゴキブリ、セイヨウミツバチ、クリタマバチ、チャバネゴキブリ、ミナミキイロアザミウマ、ヤノネカイガラムシ
その他	アメリカザリガニ、アメリカフジツボ、イッカククモガニ、ウチダザリガニ、カワヒバリガイ、セアカゴケグモ、スクミリンゴガイ、ミドリイガイ、ムラサキイガイ、ヨーロッパフジツボ

（50音順）

2）近縁在来種との交雑による在来種の遺伝子汚染

　同一種とされる生物であっても、生息する地域によって遺伝子形質が異なっているものが多くある（p62参照）。地理的に隔たっていることから、通常はこれらの間で遺伝子交換が行われることはない。しかし、人間が他の地域から同種を持ち込むことにより、自然状態では起こらないこれらの交尾・交配が近年起こっている。これが場合により遺伝子汚染という深刻な問題となる。

　例えば、夏の風物詩であるホタルを復活させようと自治体が音頭をとって、西日本のゲンジボタルを捕獲し、東日本に放虫してその定着を図ろうとするイベントが行われている。しかし、このゲンジボタルについては、西日本のものと、元々東日本にいたものとでは同一種であっても遺伝子形質が大きく異なっていることが明らかにされている。それは発光間隔で明らかに表れており、西日本のゲンジボタルの発光間隔が2秒なのに対し、東日本のものは4秒間隔である。さらに細かくみてみると、その遺伝子形質は水系ごとでも異なっている。東型、西型の境である新潟県などではその中間型が見られる。しかし、自然状態で交尾が行われるはずのない東日本で、この放虫により中間型が増えていくとすれば、それは東日本型ゲンジボタル、あるいはその水系のゲンジボタルの絶滅につながりかねない。

　こうした遺伝子汚染は、水産資源の観点に基づく、サケ、ヤマメ、イワナの放流や、見た目の美しさからのコイの放流によっても起きている。また、緑化事業でも、遠隔地から同種の植物を持ち込み植栽するケースは、その地域に生育している種を遺伝子レベルで汚染することになる場合がある。実際、伊豆大島で荒廃した海浜植物群落を修復する目的で、同一種ではあるものの他地域のトベラを持ち込み植栽したケースでは、後に伊豆大島のトベラとは遺伝的に異なることが判明し、残された大島のトベラの遺伝的特性の破壊が懸念された。

4　生物多様性と保全生態学

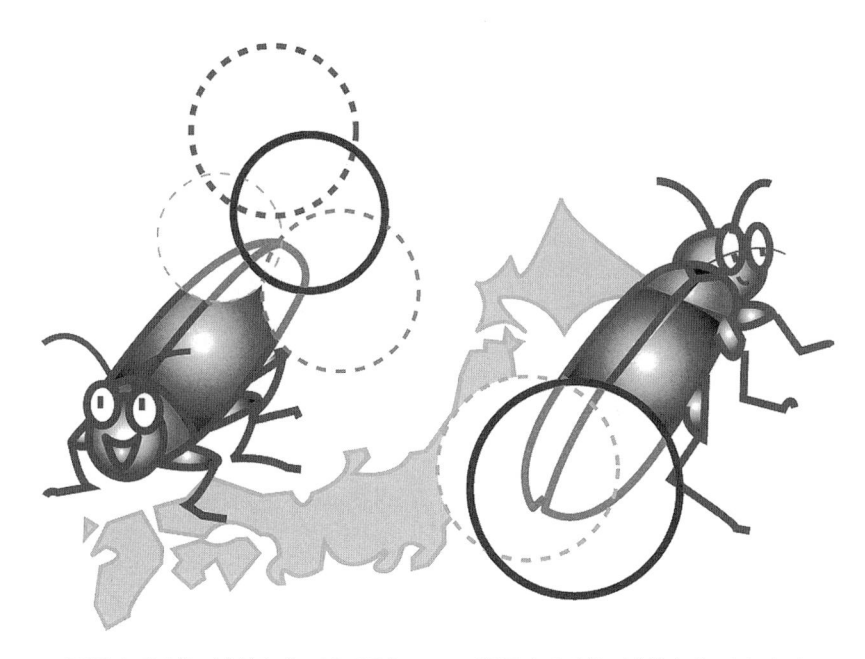

　　西日本のゲンジボタル（2秒型）　　東日本のゲンジボタル（4秒型）
　西日本のゲンジボタルは明滅速度が速く、8秒間に4回明滅する。東日本のゲンジボタルはそれよりゆっくりで、8秒間に2回明滅する。

4-2 生物の多様性を考える

4-2-1 生物多様性とは

　生物の多様性（biodiversity）とは、地球上に生育・生息する野生生物種の多様性、野生生物種内（個体群・遺伝子）の多様性、およびそれらの生息環境としての生態系の多様性を意味する。つまり生物多様性は、種、遺伝子、生態系といった異なるレベルの多様性を意味する包括的な概念である。

　[種の多様性] 種の定義についてはいくつかの考え方が提唱されているが、一般に種の形態的定義と生態的定義が用いられる。種の形態的定義では、ある複数の個体からなるグループがほかのグループと形態的な点から区別できるかどうかなどで判断される。また生態的定義においては、交配ができるかどうかにより判断される。

　[種内の多様性] ある地域に生息する同種個体のすべてを含んだ群を個体群と呼ぶ。一般に、ある個体群に属していても、各個体は互いに遺伝子的に異なっている。種内の遺伝子レベルの多様性の保全は、すべての生物にとって、その繁殖力や、環境変化に対する適応力を維持していくために必要である。

　[生態系の多様性] 生態系とは、生物と非生物的要素がつくりだす系で、それらが有機的な関係を保つことにより構成された自然システムのことをいう。生態系はそれぞれ独立した単位で存在するものではなく、自然の異なる部分の連続帯として示される概念である。一般に森林、草地、湿地、サンゴ礁といった用語は生態系を表すのに使用されるが、その境界や規模はそれぞれの分類の目的によって異なっている。

　このほか、生態系より大きな空間的スケールを「景観（landscape）」レベルの多様性として分けることがある。この場合の景観とは複数の地形、植生、土地利用形態、さらにそれらの生態的な機能を含めた概念を指す。

ビオトープ事業と生物の多様性

コラム 6

　現在、全国各地でビオトープ事業が行われている。しかし、数多くの生きものを誘致するために、事業実施地区の環境の多様化を図ることが、地域全体の生物多様性を損なう結果を招くことがある（下図）。

　A～Gまでの7つの環境タイプからなる地域（下左図）。D地区にいろいろな野鳥や昆虫を誘致するためD地区の環境を多様化した（下右図）。この結果、D地区の多様性は確かに向上したが、地域全体の多様性はひとつ減り、6つの環境タイプからなる地域となってしまった。事業実施地区に生息する種の数を増やすことと生物多様性を確保することとは、必ずしも一致しない。

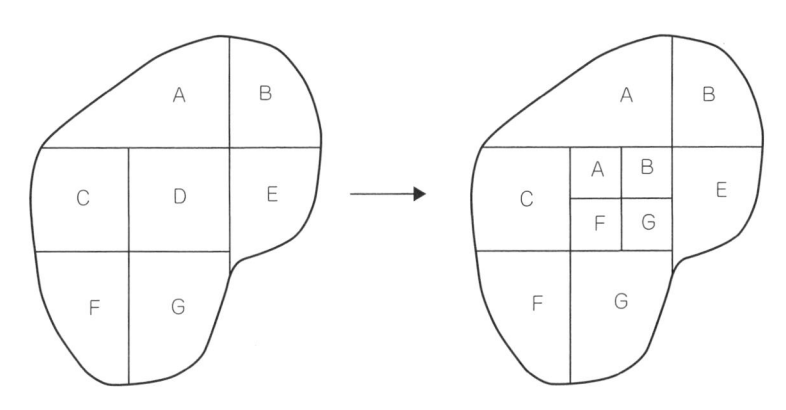

本来の生物の多様性A～G　　　　　Dの生息区域のみを多様化した場合

地域における多様化の誤った例

　工事によって、D地区においては、環境が確かに多様化している（1→4）。しかし地域全体の多様性はこの事業によって逆に減少してしまっている（7→6）。

4-2-2 種の多様性について

　地球上に存在する種の総数は、研究者により200万種〜1億種程度とかなり幅があり、その実態は十分には把握されていないのが現状である。このなかで現在までに確認されている種は、140万種程度にすぎない。

　種の多様性は、一般的に熱帯地方に近づくにしたがい増加する。例えばコスタリカでは10,000km^{2}当たり120種のほ乳類がいるのに対し、イギリスにおいては、同面積当たりのほ乳類の数はわずか17種である。高等植物についても同様であり、コスタリカにおける高等植物の10,000km^{2}あたりの数が495種であるのに対し、イギリスでは76種にとどまっている。また、南アメリカおよび中央アメリカ、中央アフリカ、東南アジアに存在する熱帯雨林地帯は地球上の陸地の7％を占めているにすぎないが、地球上の種の少なくとも半分はここに存在するといわれている。

　わが国は南北に3,000km、低地から標高3,000m級の高山にいたる起伏の富んだ地形に恵まれ、気候帯もまた亜熱帯から亜寒帯にわたる。さらに、本州、九州、四国、北海道の4つの主要な島のほかに、3,000以上の小さな島が周辺に点在し、島しょ的な性格を強くもっている。こうしたことから、わが国は国土面積の割に生物相は非常に豊かである。

　日本には、ほ乳類が241種、鳥類が約700種、は虫類が97種、両生類が64種、維管束植物が約8,800種分布している（以上、亜種等含む。レッドデータブック作成時の評価対象総種数とは異なる）。また種子植物の約35％が固有種（分布が特定地域に限られる種）というように、日本の生物相には固有種が多い。昆虫については、推定種数7〜10万とされる一方、記載が行われたものは、まだ3万種程度にとどまっているなど、現状がほとんど不明な分類群も少なくない。わが国の生物多様性については、種レベルにおいても基礎的な情報がまだ著しく不足しているといえる。しかし、そうした状況にもかかわらず、特に第二次大戦後に自然破壊が大規模に進んだことなどにより、多くの野生生物が絶滅の危機に瀕している。研究者によって同定、記載されないまま絶滅していった生物も多いに違いない。

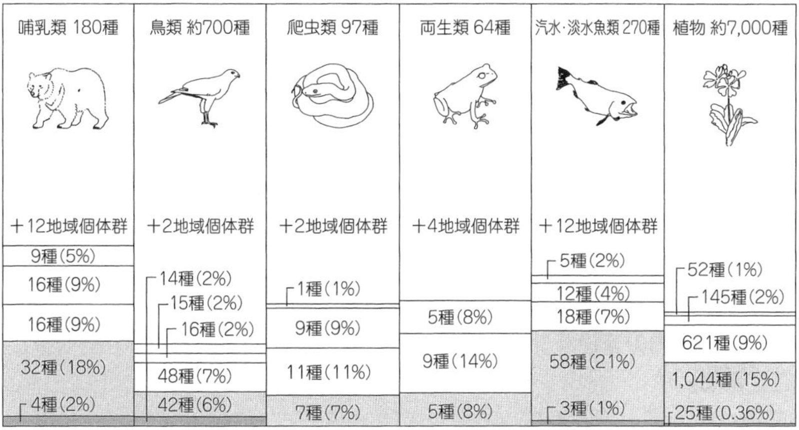

4 生物多様性と保全生態学

哺乳類 180種	鳥類 約700種	爬虫類 97種	両生類 64種	汽水・淡水魚類 270種	植物 約7,000種
+12地域個体群	+2地域個体群	+2地域個体群	+4地域個体群	+12地域個体群	
9種(5%)	14種(2%)	1種(1%)		5種(2%)	52種(1%)
16種(9%)	15種(2%)			12種(4%)	145種(2%)
16種(9%)	16種(2%)	9種(9%)	5種(8%)	18種(7%)	621種(9%)
32種(18%)	48種(7%)	11種(11%)	9種(14%)	58種(21%)	1,044種(15%)
4種(2%)	42種(6%)	7種(7%)	5種(8%)	3種(1%)	25種(0.36%)

図4-2　日本の絶滅におけるおそれのある野生動植物の割合

　絶滅のおそれのある動植物の現状をまとめたものをレッドデータブックという。1966年に国際自然保護連合（IUCN）が全世界の動物種を対象に初のレッドデータブックを作成した。その後、各国にて国内版のレッドデータブックの作成が進められた。

　わが国でも哺乳類、鳥類、爬虫類、両生類、汽水・淡水魚類、維管束植物などについては、レッドデータブックが作成され、また、見直し・更新作業も行われている。しかし、昆虫類など情報が不足しており、実際のところ、手がほとんどつけられていない分類群も少なくない。

　一方、こうした国の動きを受けて、現在、都道府県、市町村版レッドデータブックについて、各地で作業が進められている。都道府県版レッドデータブックについては、ほぼ全都道府県で公表、出版される段階に至っている。（口絵①参照）

4-2-3 種内の多様性について

　種内の多様性とは、ある特定の種のなかの、遺伝子（世代を通じて受け継がれる遺伝情報の化学的単位）の変異によって計られる変異性を表す概念である。「種」は生物分類の基本単位であるが、同じ種に属する生き物でも、水系が異なるなど地理的に隔離された状態にある地域個体群の間では、一般に遺伝子形質が異なっており、別の種へと進化する潜在的な可能性がある。つまり「種」は分類上の基本単位であるが、実はそれ自体多様な内容を有している。

　現時点では分類学上区別されていない種であっても、遺伝子レベルでは異なっている生物が事実かなり存在する。例えば童謡にも歌われ、かつては身近な生きものであったメダカも生息地によって遺伝子型が異なり、日本には10以上の地方型があることが明らかになっている（図4-3）。単に種の多様性だけではなく、種内の遺伝子レベルの多様性確保も重要な課題だといわれる理由はここにある。

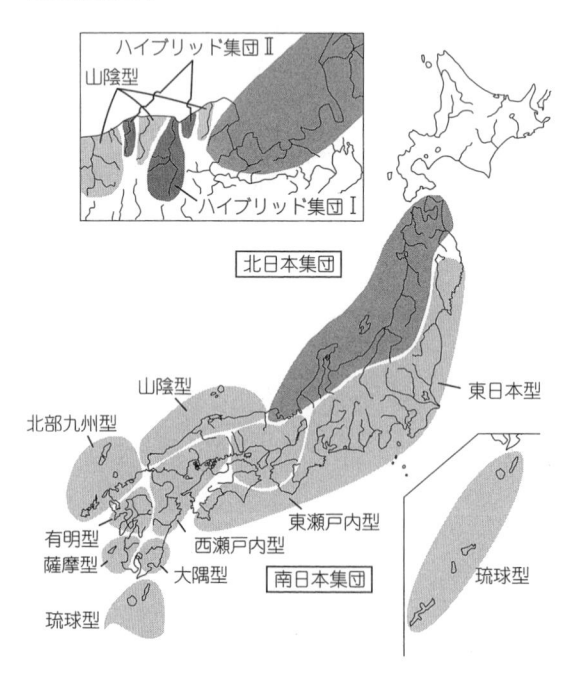

図4-3　遺伝学的にみたメダカの地域変異

　日本に生息しているメダカは1種とされ、北海道を除く全国各地に分布しているが、遺伝子レベルではまず離れた北日本集団と南日本集団に大きく分けられる。南日本集団はさらに、「東日本型」「瀬戸内型」「山陰型」「有明型」「薩摩型」「琉球型」など水系をひとつの基準に、いくつかの地方個体群に分けられる。（酒泉、1997より）

環境省の全国版レッドデータブック（2006年4月現在）には、絶滅のおそれが高い地域個体群40（ほ乳類12、鳥類2、爬虫類2、両生類4、汽水・淡水魚類12、昆虫類3、陸産貝類5）が記載されている。これも遺伝子レベルでの生物多様性を意識したものとして評価できるが、現在各地で作成されている地域版レッドデータブックこそ、遺伝子レベルで生物多様性を確保していくための最も基本的な資料である（図4-4、p.146参照）。

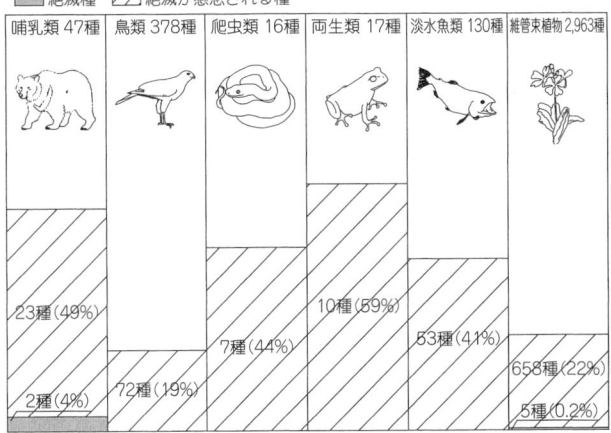

図4-4(a) 静岡県レッドデータブック掲載種の割合（静岡県レッドデータブック、2004をもとに作成）

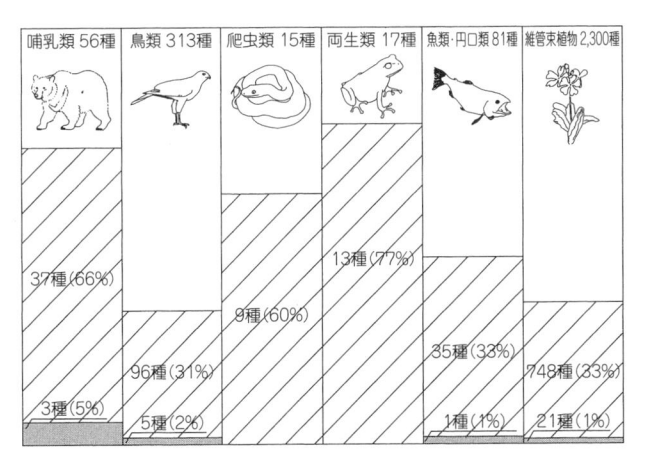

図4-4(b) 埼玉県レッドデータブック掲載種の割合（埼玉県レッドデータブック、動物編2002、植物編2005をもとに作成、口絵①参照）

コラム7　ジーンバンク（遺伝子銀行）

　種子や遺伝子の確保は、その生息地を守ることが原則である。しかし、野生生物の生育、生息地の悪化によりその場所での保全が難しい場合に、これを補完するのがジーンバンク（遺伝子銀行）である。

　わが国では、1985年に「農林水産ジーンバンク」の整備をはじめ、生物遺伝資源の収集、特性評価および保存などを行っている。現在、農業生物資源研究所では、各地の試験研究機関と連携しつつ、植物で約23万点、微生物で約2万点、動物で約900点の遺伝資源を確保している（平成16年度）。

　科学技術庁資源調査会からの答申では、遺伝子資源として確保する生物の対象を、基本的にすべての生物としている。これは、遺伝子資源に対する要請が、①科学技術の発展、②社会、経済条件の変化、などに伴い変遷するためで、たとえ現在において遺伝子資源として利用されていない生物であっても、将来利用する遺伝子資源となる可能性（潜在遺伝子資源）が十分あるからである。

　しかしながら現実的には、今すぐにすべての生物を収集、保存することは不可能であるため、何らかの選定基準を設け、確保していく生物を決めていく必要がある。なお、当面収集・保存の対象とならない生物については、自然生態系内での維持に極力配慮することが重要である。

　このように、遺伝子資源を確保していくことの重要性が認識されつつある一方で、世界中の遺伝子資源は、今なお消滅している。それぞれの生物がもつ遺伝子には、生物の長年の進化の過程における生存と適応の結果が含まれており、一度消滅したら再生することは極めて困難である。地球上にある多くの資源の枯渇が懸念される今日にあって、再生産可能な生物資源を守る早急な取り組みが必要である。

「かつては、新しい作物が海外から次々と導入されてきた。（中略）しかし、今やその遺伝資源の源そのものがかれはじめている。気がつくのが遅かったのかもしれない。（中略）遺伝資源の問題は一国の問題ではなくなってきている。」（藤巻宏・鵜飼保雄『世界を変えた作物』（培風館、1985年）より）

4 生物多様性と保全生態学

4-2-4 生態系の多様性について

「生態系」とは、ある場所に有機的集合体として生活するすべての生物個体群（生物群集）と、それを取り巻く非生物的環境とのつながりをもった自然のシステムのことを指す。地球上には、高山、ツンドラ、亜寒帯、温帯、熱帯、サバンナ、砂漠といったさまざまな気候的条件、その地域の地質、生息生物などに応じ様々な生態系が存在している。原生的な自然のほかに、人と自然の長期にわたる関わりのなかで形成されてきた里山といった二次的な自然も存在する。生態系の多様性を維持していくことは、種や遺伝子の多様性を維持するためにも非常に重要なことである。

生態系のうち、極地、亜寒帯、高山、砂漠では、その地域に生育・生息する生物の種類が、熱帯や温帯にある自然林に比べて非常に少ない。種の多様性が高い熱帯や温帯地域の自然林を守ることは大切である。一方、極地や砂漠といった生態系の保護は、その地域固有の種の保存をしていくことである。種の多様性を保つためには、生態系の多様性を守っていくことが必要である。

わが国における生態系の多様性について、例えば新・生物多様性国家戦略（2002年、資料3、9-2-1参照）では、主要な生態系の現状を表4-3のようにまとめている。

表4-3　主要な生態系の現状

森林	森林は全国土の66.6％を占めているが、自然林および二次林は昭和30年、40年代に多くの面積が減少し、現在自然林は国土の17.9％、二次林は23.9％になっている。近年は量的な減少の程度は鈍くなってきているが、森林のまとまりの面積は減少しており、生息地の分断化が進行しつつある。二次林は、コナラ林・アカマツ林は放置するとタケやササ類の侵入・繁茂により樹林の更新・遷移が阻害され、または遷移が進行により二次林特有の動植物が消失するなど、様々な生物多様性保全上の問題も生じる。
草原	わが国の国土面積に占める草原の割合は、高山・亜高山及び海岸の自然草原が1.1％、火入れなどの人為的干渉の下で維持されてきた二次草原が3.6％となっている。阿蘇などの草原はわが国を代表する二次草原であり、貴重種が多く生息・生育しているが、二次林と同様、利用されなくなり遷移が進行し、草原性の種の一部については急激な減少が懸念されている。

4 生物多様性と保全生態学

河川・湖沼・湿原など	日本列島の急峻な地形と年降水量の多さにより、日本の河川は急流部分が多く流量が不安定な河川が多いことが特徴である。湖沼についても、変化に富んだ地形を反映してカルデラ湖、せき止め湖、潟湖など様々なタイプが存在し、多様な生物が生息・生育している。湿原は、植生学上、低層湿原、中間湿原、高層湿原に区分され、特に高層湿原は氷河期の遺存種等の生息・生育環境として重要である。 　一方、農地、宅地等としての開発・利用、流域の土地利用による水質汚濁、河川の改修などに伴い、多様な生物の生息・生育拠点でもある河川沿いの湿地帯や河畔林、渓畔林は減少、河川生態系は大きな影響を受けてきた。全国109の1級水系を対象とした河川横断施設点検結果では、堰等の河川横断施設約3,600施設のうち、遡上可能な施設数は約32％となっており、遡河性魚類などの水生生物の生息地の連続性が分断されている状況が見受けられる。河川および隣接地に存在する湿地は明治・大正期から約8万ha が減少し、5割以下にまでなっている。
自然海岸・藻場・サンゴ礁・干潟	わが国は総延長約32,800km の屈曲に富んだ海岸線を有し、また海岸の前面には内湾を中心に浅海域が広がり、そこには干潟、藻場、サンゴ礁が見られる。第4回自然環境保全基礎調査によれば、自然海岸が約18,100km、干潟が約51,500ha、藻場が約201,200ha、サンゴ礁が約34,700ha 存在し、これらは沿岸域の中でも生物多様性の保全上特に重要な生態系である。 　干潟は太平洋岸、瀬戸内海沿岸および九州に多く、特に内湾に発達する干潟は多様な沿岸性の魚類、シギ・チドリ類等の鳥類の重要な餌場となっている。海草類や海藻の群落である藻場は多くの小動物等のすみかとなるだけでなく、魚介類の産卵、生育の場となっている。わが国のサンゴ礁地形はトカラ列島以南に存在し、八重山諸島にはわが国最大の面積のサンゴ礁があり、同海域の造礁サンゴ類の種の多様性は世界でも屈指である。 　しかし、日本の海岸線のうち、工作物が存在しない自然海岸は本土では5割を切っており、人工海岸化が進行している。干潟については、埋立て、干拓などにより昭和20年以降約4割の干潟が消滅している。沿岸域における最近の埋立による量的改変の程度は鈍化しているが、残された地域やその近傍における埋立ては、依然継続している。内湾や内海などの閉鎖性海域においては、窒素、燐などの栄養塩類の流入による富栄養化の問題が顕著になっている。

新・生物多様性国家戦略（2002年）より

私たちの地球は今

5　水をめぐる環境

5　水をめぐる環境

5-1　生命の源：水

　水は地球上のすべての生命体にとって必要不可欠な存在であり、成人体重のおよそ60％、新生児（分娩してから約28日間までの赤ん坊）の80％をも占めている。水は生物の生命の維持に直接関係し、例えば人間の場合、通常一人一日におよそ3ℓを必要とする。

　地球上に存在する水の総量の97.4％は、海洋に存在する海水である。真水は残りの2.6％であるが、真水のほとんどが氷山・氷河や地下水であり、人間にとって利用可能な淡水の総量は、地球上に存在する水の0.003％という、極めて貴重な存在である。

　この地球上に存在する水は、太陽エネルギーにより暖められ、海や陸上から蒸発して雲となり、やがて降雨や降雪といった形で地球上に戻され、川を流れ、あるいは地下水となり海に運ばれる（図5-1）。こうした水循環の中で、水は岩石の風化を促し、その成分を溶かし込むと同時に、微生物によって分解された養分も溶かし込む。水に含まれた養分は、水循環のなかで陸上に生育する植物や、水中に生息するプランクトンの栄養源となる。こうして水は地球上を絶えず循環され、生物は必要な水分と栄養を吸収する。また、水は急激な温度差を吸収することで生態への負担を緩和する。

　水のなかの生態系は、陸上の生態系と基本的に同じで「生産者」「消費者」「分解者」の3つに分けられる。生産者は植物プランクトン、次いで水草や石の表面に発生する藻などで、水中や水底土壌の養分、二酸化炭素、太陽エネルギーを使って有機物を生産している。水底に大量に生息する光合成をしない原生動物や、水中の動物プランクトンを一次消費者といい、これらを食べる多くの底生動物や雑食性魚類などを第二次消費者という。また、ナマズ、ハクジラ類など、この「食う・食われる」の食物連鎖の関係の頂点に位置する動物を高次消費者という。そしてすべての動物の死がいや老廃物は、分解者として水底に生息するバクテリアによって、最終的に無機物に還元されることで物質循環を繰り返す。

　生態系の一次生産（光合成による光エネルギーの取得）量は、地域の水や栄

養塩の供給量に左右される。エネルギー補助をたくさん得ている、肥沃で生産活動の活発な地域の代表的な水環境としては、河川の三角州・干潟・汽水域などがある。このような場所を調査すると、えさを求めて集まったマイワシやアナゴなどの海水魚と、アユやウキゴリなどの淡水魚の稚魚が同時に採集されることもよくある。例えば、諫早湾（長崎県）では、干拓事業の前には、1 km^{2}の干潟から1年間に22.6 tの魚介類の生産があった。このように生産活動の活発な環境には、豊富な栄養を求めてほかの多くの野生生物も集まってくる。

河川では、上流から河口へ、また同じ地点でも岸辺と水深の深いところなど、さまざまに異なった環境があり、生息する生き物の種類も異なる。例えば、中流の底生魚としては、岸近くのくぼみや物陰にヨシノボリ類、大きな石の間にはギギまたはギバチ類が、底が砂の所にはシマドジョウやカマツカなどがみられる。また遊泳魚では、淵の部分にカワムツ、瀬の部分にオイカワ、その境目付近にニゴイやウグイが好んで生息し、利用する空間を微妙に変えている。また入り江ができた所や、水面まで覆う水草の茂みなどは、さまざまな種類の稚魚が育つ大切な環境である。

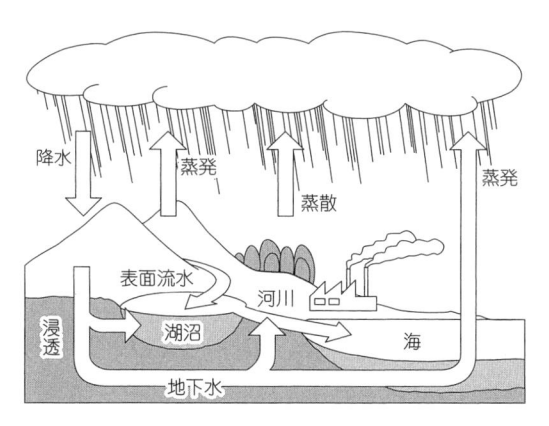

図5-1　水循環のモデル図

地球上に存在する水は、太陽エネルギーにより暖められ、海や陸上から蒸発して雲となり、やがて降雨や降雪といった形で地球上に戻され、川を流れ、あるいは地下水となり海に運ばれる。この循環を通し、生物は水分と栄養分を得ている。

5-2 水環境が破壊される

　わが国の年間降水量は、世界の年間平均の約2倍に当たる1,800mmである。しかし、これを人口一人当たりの降水量で計算すると世界平均の20％程度で、実際には決して恵まれた水環境とはいえない。しかも日本の河川は山岳地形を流れるため、大陸の国と比べると極めて短く河床勾配が大きいという特徴をもっている。

　このような水環境のなかで、私たちは水資源を利用し、かつ洪水から生命や財産を守るために川を整備してきた。わが国の水環境は、自然生態系に多大な負荷をかける河川改修や水質の汚染により、悪化しているケースも多数見られる。

　河川や水路整備のなかには、短期的な経済的利益を求めるあまり、自然生態系を破壊してきた例も非常に多い。例えば生態学の視点を欠いたコンクリートによる河岸の護岸は、河川が本来持っている自由な動きを抑制し、河川周辺の自然生態系を著しく破壊している。河岸は陸生植物から水生植物に至るまで、狭い範囲で多様な植生が生育する「エコトーン」と呼ばれる植生移行帯を形成している。このため、コンクリートによる護岸は、河岸の植物や動物の生育・生息場所を破壊するだけでなく、河川の周囲への水浸透を断つことで自然生態系の状態を悪化させ、さらに河岸の植生による水質浄化機能も破壊している。

　ダム建設も水環境を破壊する一例である。ダムには安定した水供給を確保するために建設されるもののほか、洪水調整、発電、農業などの多目的機能をもたせるものもある。これらのダム建設は、結果としてダムとその河川流域固有の生物や土壌中の微生物の生息地を破壊すると同時に、土砂のせき止めにより下流域や海洋の生態系へも影響を与える。またダムが生き物の移動の障害となるケースも多く、種（遺伝子）の交流を妨害し、生態系を分断する。さらにダム建設に伴い、河川の水温や水量も変化し、それまでの生態系を一変させるおそれもある。

　水質汚染には、主にリンや窒素といった肥料などからの富栄養化によるもの、農薬や重金属などの有害物質によるもの、そして生活排水によるものなどがある。富栄養化による水質汚濁は、水中の栄養過剰時に生物が異常繁殖することで、魚介類の死滅などを引き起こす。また、農薬は農地やゴルフ場などで散布

5 水をめぐる環境

されるが、散布農薬の一部は地下に浸透し、河川、湖沼、海洋へと流出する危険が高い。農薬などの化学物質が、自然の循環過程において食物網に入り生物濃縮され、最終的に人体に蓄積される可能性もある。さらに、排出基準値が定められていない家庭からの生活系排水も、水質汚濁の主な原因で、河川の生態系に悪影響を与えている。

一方、地下水で検出されているトリクロロエチレン、テトラクロロエチレンといった有機塩素系化合物は、発ガン性の疑いがある。これらの汚染物質は、化学的特性により地表面から素早く浸透し、帯水層（水を保持する多孔質な地層）などに滞留し、雨水の浸透や地下水の流れにより徐々に溶出し、地下水を汚染する。一般にダイオキシンやPCBなども含め有機塩素系化合物は、水に溶けにくく自然浄化がほとんど期待できない。さらに地下水は地層のすきまを流れるため、地上に比べ流速が遅く、滞留している汚染物質を人為的に取り除かない限り、地下水の汚染は長期化する可能性が高い。

海洋汚染は、多様化、広範囲化が指摘されている。海洋で検出される人為的原因により発生した物質の多くには、農薬、溶剤、油類、重金属など、さまざまな化学物質がある。これらの物質は食物連鎖により次第に濃縮されるため、生態系ピラミッドの頂点に位置する生物ほど高い濃度で検出される傾向にある。このほか、海洋には大量のプラスチックが投棄され、ほとんど分解されずに半永久的に残る。こうしたプラスチックゴミをウミガメや海鳥などの海洋生物が飲み込むという被害も出ている。

さらに、日本でも欧米並みの酸性雨が観測されていることから、酸性雨による水環境への影響についても調査が進められている。現在のところ、酸性雨による、自然生態系への悪影響は明確には表れていない。しかし欧米などの事例から見ても、このまま酸性雨が降り続いた場合、日本でも湖沼の酸性化による水環境の破壊の可能性が高い。

5-3 これからの水環境

　これまでに水環境が悪化の一途をたどってきた最大の理由は、人と自然の共生という視点をほとんどもたなかったためである。このため、これまでの水環境を保全するための環境基準は、人の健康と生活環境の保全が目的とされ、自然環境の保全に対する配慮を欠いていた。しかし、自然環境を適正に保全し、水環境の多様な生き物を守っていくことは、次世代および将来世代へ貴重な財産を継承していくためにも重要なことである。

　もともと自然界の水は、山から海まで連続している。ひとつの河川へと水が集まってくる範囲を流域、または集水域（watershed）といい、水環境を保全する場合、この集水域全体で守っていくことが大切である（図5-2）。したがって、水環境の保全あるいは回復は、部分的あるいは個別的な対応でなく、地域の土地利用計画の全体で考える必要がある。さらに、在来の生き物が子孫を残せる環境が必要である。例えば魚類の場合、産卵環境、稚魚の生育環境、成長段階ごとの生育環境、移動回遊路、餌場、餌生物の生育環境や隠れ場など、多くの野生生物が一生生活できる環境が不可欠である。

　アメリカ合衆国では、30年ほど前から洪水調節のためにダム建設をする代わりに、河川の中下流域で防災上問題となる地区の土地所有権を州政府が買い上げ、そこの住民をより安全な地域に移す「バイアウト（＝Buy Out）政策」を実施している。この試みには、氾濫原がかつてもっていた豊かな自然生態系を取り戻すという目的もある。わが国においても、河川の流域の低い土地に水田や自然地などをできるだけ残し、氾濫時の水害緩衝地帯とし、被害を減らす対策がますます重要になる。今後は、浸水しやすいところは宅地化などを極力防ぎ、被害の未然防止を図るとともに、後世のために豊かな自然を残していく視点をもつ必要がある。

　洪水と共存しながら水害を最小限に抑えるための有効な手段として、河畔林の保全と回復がある。川沿いの樹林帯である河畔林は、堤防を守る働きとともに、水が堤防からあふれだしたとき、水の勢いを弱め被害を少なくする働きがある。また地域の自然に合わせた適切な樹林帯を川沿いにつなげることで、山と川、都市と農村、また都市と都市をつなぐビオトープネットワーク（10-2-4参照）をつくっていくことも可能である。野生生物の生息空間である自然生

5 水をめぐる環境

態系には、水のかん養、洪水緩和、水質浄化といったさまざまな機能も備わっている。このため、自然生態系の保護、回復は、水環境を取り巻く問題解決の本質であるといえる。

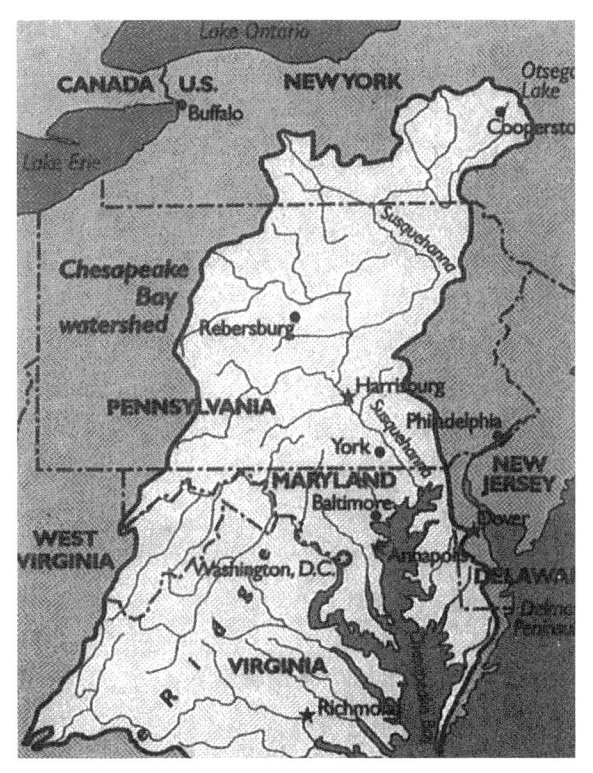

(チェサピーク湾委員会、チェサピーク湾財団、チェサピーク湾同盟資料)

図5-2 チェサピーク湾の集水域

アメリカ北西部のチェサピーク湾の集水域（1,660万ha）は、ワシントンD.C.ほか6つの州にまたがる。これらの関係地域が州の単位を越えて協力し、湾に注ぎ込む川沿いに、河畔林や湿地を再生するなど、湾の生態系を守るための取り組みが行われている。

私たちの地球は今

6　大気をめぐる環境

6　大気をめぐる環境

6-1　大気と生態系について

　地球が誕生したばかりのころ、大気の構成成分は、水蒸気を除けばほとんどが二酸化炭素であり、多くの生物にとって必要不可欠な酸素は存在していなかった。数十億年前まで大量に地球上に存在していた大気中の二酸化炭素は、しかしその後海に吸収され、カルシウムと結合して炭酸カルシウム（石灰石）として沈殿していった。さらに、二酸化炭素や水などを吸収し、有機化合物を合成するラン藻という独立栄養生物が出現した。大気中の二酸化炭素はこうして次第に取り除かれ、今日の二酸化炭素の濃度は、大気組成の約0.03％を占めるにすぎない。また、二酸化炭素の濃度が減少するとともに増加した大気中の酸素の一部は、上空で紫外線と反応してオゾン層をつくり上げた。

　地上から15kmまでの間を対流圏といい、大気全量の70〜80％が分布し、また大気中の水蒸気もほとんどはここに含まれている。地上約15〜50kmまでは成層圏と呼ばれ、大気の約12％がここに分布している。オゾン層とは成層圏の中でも、地上約25km付近を中心に数10kmにわたりオゾンが集中しているところを指す。このオゾン層は、すべての高度のものを集めても0℃、1気圧でおよそ3mm程度にしかならないものである。現在あるオゾン層は、約30億年かけて今の量になったと考えられている。

　地上には生物にとって有害な紫外線もふりそそいでいる。紫外線には波長の長い順に、UV-A、UV-B、UV-Cがあり、UV-Cがもっとも有害なのだが、オゾン層が有害な紫外線の多くを吸収することで、生物は地上に進出することができた。

　このように、太陽エネルギーは、生命体にとって有害な電磁波を含んでいるが、自然生態系の大事な構成要素であり、地球上の生命体の活動における原動力となっている。太陽光は、赤外線、可視光線、紫外線といった電磁波より構成されている。太陽からの電磁波は、オゾン層による紫外線の吸収、水蒸気や二酸化炭素による赤外線の吸収、塵による散乱などを受けた後、地上に到達する。このエネルギーは、生態系を常温で保ったり、水の蒸発散（水循環）、植物の光合成などに利用される。物質の純生産に利用されるエネルギー量は、供

給された太陽エネルギーの1％程度といわれている。つまり、地球上に生存するほとんどすべての野生生物は、この1％の太陽エネルギーを基に生存しているということである。

　酸素は、人間をはじめ多くの野生生物の呼吸に不可欠な物質である。多くの動物は呼吸により酸素を吸収し、水や二酸化炭素などを大気中に放出する。この二酸化炭素は、再び植物により吸収されるという形で絶え間なく循環していく。一方植物は、光合成で二酸化炭素を吸収し、酸素をつくりだしている。

　大気中の二酸化炭素濃度は、年間を通じて変動している。これは、北半球の場合で考えると、植物の光合成活動が活発な夏季は、二酸化炭素を大量に吸収するために大気中の二酸化炭素濃度が減少し、反対に光合成の活発でない冬季は、二酸化炭素の濃度が夏季に比較して増加するためである。

6-2 大気の組成が変化する

　化石燃料の大量消費、森林の減少などに起因する大気中の二酸化炭素など、温室効果ガス濃度の上昇によってもたらされる、地球温暖化の生態系への悪影響が懸念されている。

　地球の温暖化は、地上に到達した太陽エネルギーが地表面から赤外線の形で放射される際、その一部が大気中の温室効果ガスにより吸収、また地上に再放射されることによって生じる。「気候変動に関する政府間パネル（IPCC）」では、1990年から2100年までの間に地球の平均地上気温は1.4～5.8℃上昇すると予測されている。また、これらの気温の上昇による海面上昇は9～88cmと予測されている。気温が3～4℃上昇するということは、気候帯が毎年北方に4～5km移動することを意味する。

　温暖化は、そこに生育、生息する野生生物の環境を変化させてしまうことでもある。これらの野生生物はそれぞれに適した新たな場所への移動にせまられることになる。一般に樹木が種子を飛ばし分布を広げる速度は、1年間で40mから最高でも2kmといわれている。一方、移動能力の比較的高い動物の場合でも、山や川といった地形的なものや、道路や市街地といった人工構造物が、動物の移動を妨げる。さらに、動物が生存していくためにはえさとなる植物や動物の密度や地理的分布が密接に関係する。たとえある特定の動物一種が気温条件が良いところへ移動できたとしても、相互に依存しあう野生生物が存在しない場合や、地理的条件の違いがある場合は生存が非常に難しい。

　化石燃料の大量消費により大気中に排出されるのは、二酸化炭素だけではない。硫黄酸化物や窒素酸化物といった汚染物質を大気中に排出されている。硫黄酸化物や窒素酸化物は酸性雨の原因物質でもある。すでにヨーロッパでは、酸性雨による被害が深刻なものとなっている。日本においてもすでに欧米並みの酸性雨が降っている現状を考慮すると、近い将来、日本でも国内の湖沼が軒並み酸性化し、自然生態系に大きな打撃を与える恐れがある。

　ごみ焼却などにより大気中に排出されるダイオキシンについても、その実態が徐々に解明されてきている。ダイオキシンは、世界保健機構（WHO）において、「発ガン物質」と評価されている。ダイオキシンによる人間への影響には、皮膚炎、神経症、眼球振とう症、肝機能不全といった急性毒性症状がある

ほか、催奇形性、発ガン性、発ガン促進作用などがあるといわれている。

　ダイオキシン以外にも、化学工業の原料などで用いられるベンゼン、金属加工部品の洗浄などで使用されるトリクロロエチレンやテトラクロロエチレンといった揮発性有機化合物による大気汚染も深刻化している。平成9年に施行された改正大気汚染防止法にともない、ダイオキシンを含むこれら4物質を排出または飛散を早急に抑制しなければならない物質に追加指定している。ベンゼンは人間に対し発ガン性を示し、トリクロロエチレンやテトラクロロエチレンは中枢神経障害、肝臓障害、腎臓障害などの毒性をもつ。だがこうした物質の野生生物への影響は、まだほとんど解明されていない。

　またオゾン層の破壊といった地球的規模での問題も年々深刻化している。冷蔵庫やエアコンの冷媒や半導体の洗浄などで使用されたフロンガスが大気中に放出され、これが成層圏で分解され塩素原子となり、紫外線を収集する成層圏のオゾンを破壊する。オゾン層破壊に伴う UV-B の地上への到達量の増加は、多くの植物の成長を低下させ、カエル、魚、昆虫の卵にも悪影響を与えると指摘されている。またプランクトンや細菌も紫外線に弱く、オゾン層の破壊は地球規模での生態系の破壊につながりかねない。

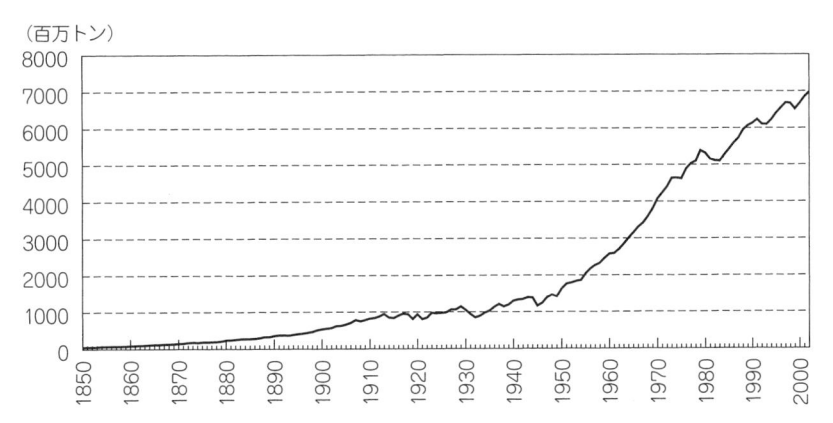

図6-1　過去150年間の人為的活動による二酸化炭素排出量の推移
(Marland, G., T. A. Boden, and R. J. Andres. Oak Ridge National Laboratory 2005. をもとに作成)

　化石燃料の消費量増加に伴い温室効果ガスである二酸化炭素の大気中の濃度も年々増加し、生態系への影響が現われ始めている。

6-3 大気環境を保全する

　大気環境の問題は、狭い地域的な問題から地球規模の問題にまで広がりをみせている。オゾン層破壊、地球温暖化、酸性雨という地球規模での問題への取り組みは、一国だけで解決することは難しく、国際的な協力により進めていく必要がある。

　大気中の二酸化炭素や有害物質などの増加を抑えるには、まず発生量を抑えることが大切である。発生量を抑制するには、燃料の節約、効率の改善、利用の規制、エネルギー源の転換といった方法がある。エネルギー源の転換とは、二酸化炭素の排出量を抑制する場合でみると、比較的二酸化炭素の排出量が少ない天然ガスなどへの転換、硫黄酸化物を抑制する場合は低硫黄燃料への変更、フロンの場合はオゾンを破壊しない代替物質へ順次変更するといったことが考えられる。

　窒素酸化物や浮遊粒子状物質のような環境基準の達成率が低い汚染物質に対しては、その濃度を下げるための厳しい排出規制に切り替えていく必要がある。またダイオキシンの場合は、焼却施設からのダイオキシン排出基準があまりにもゆるいため早急に厳しい基準に変えていかなくてはならないが、このほかにもダイオキシン発生のおそれの高い製品に対する生産規制や、ゴミそのものの排出削減対策も必要になる。

　ダイオキシンをはじめとする有害物質による大気汚染問題をはじめ、地球温暖化、オゾン層破壊といった大気環境破壊の原因は、大量消費型社会システムから排出されるさまざまな廃棄物である。このため根本的には、大量消費型社会から必要最低限の消費に抑える社会への転換を進めていくことが必要である。また、人為的に大気中へ排出されたもので、自然生態系へ悪影響を与えるおそれのあるものは、確実に取り除くことが望まれる。

　自然生態系には、さまざまな大気浄化機能が備わっている。例えば、森林は温室効果ガスのひとつである二酸化炭素の濃度を減らす機能をもつと同時に、光合成により多くの生物にとって必要な酸素を供給する働きがある。また森林は、硫黄酸化物、窒素酸化物といった有害汚染物質を吸収、付着するといった機能がある（ただし、多くの有害汚染物質は樹木にとっても有害な場合が多い）。

森林には、このほか大気環境の保全という点だけをみても、気候条件の緩和機能や樹木からの発散物質による殺菌作用や殺虫作用などもある。このように樹木は多様な機能をもつにもかかわらず、今なお無造作に伐採されてしまうケースが多いのが現状であるが、大気環境の保全のためにも森林のもつこうした特性を生かしていくことが求められる。

　また、ある程度の温暖化にそなえ野生動植物種の絶滅を防ぐため、例えば種の移動を可能にする生態学的回廊（エコロジカル・コリドー）を最低限設けておく必要がある。現在、自然環境保全法をはじめ、各種法令等に基づいてさまざまな保護区が設けられている。しかし、日本の保護区は一般に小面積かつ人工的景観のなかの島的状態にある。生物多様性を保全するためにも、保護区の面積を特に北方や垂直方向に拡大したり、飛び石ビオトープを設けるなど移動の障害となる人工物の撤去及び自然環境の復元を視野に入れ、地域、地方そして国土レベルでビオトープネットワークを早急に整備する必要がある。

私たちの地球は今

7　土壌をめぐる環境

7 土壌をめぐる環境

7-1 土壌の世界

　岩石は、雨や風、気温の変化を受けて細かくなり、土壌の無機質材料となる。土壌は、こうした無機物を母材に、落ち葉、枯れ葉、動物の死がいなどの有機物が加わり、微生物などの働きで腐食化が進み、少しずつ混ざり合いながら形成される。一般に成熟した表層土壌1cmが作られるのには、100～数百年の歳月が必要とされる。

　土壌生成の材料となる岩石のうち、直径が2mm以上のものを礫（れき）、0.002mm以下のものを粘土と呼ぶ。土壌に含まれる粒径の小さな粘土には、動植物遺体などから遊離したカルシウム、マグネシウム、硝酸などのイオンが吸着し、これが植物の栄養源ともなる。また、粘土と礫の中間の粒径である粗砂や細砂そして土壌中の有機物は、この粘土による吸着を適度に緩和し、水はけをよくするための土壌構造を形成させる働きがある。このように土壌は大小さまざまな土壌粒子で構成される。この土壌粒子の集合したものを団粒と呼び、その団粒が寄り集まったかたちを団粒構造という。

　土壌は自然生態系の中で物質循環の要としての働きをもつ。緑色植物は、太陽エネルギーと二酸化炭素を使って光合成を行い、あらゆる生物の営みに必要な炭水化物、蛋白質、脂肪などの有機物をつくりだしているが、これらの植物も光合成を行うには当然土中の水分と養分が必要である。そして植物のつくった有機物を直接的あるいは間接的に利用する動物も、死後は土に戻り土壌中の微生物などにより分解され、再び植物により吸収されるという物質循環の中に組み込まれている。

　土壌には水分を保持・貯留するといった水かん養機能がある。この水分保持は、土壌粒子間の数十オングストローム（1オングストロームは10^{-10}m）から数mmのすきまの存在により保持される。土中の水の動きは、土壌粒子と水の間で起こる毛管現象に支配される。通常、土壌粒子のすきまが狭くなるほど水は吸い上げられ土壌粒子に強く付着する傾向がある。土壌が保持された水分は、土壌に生息するすべての生物の生活に利用される。

　また土壌は、水を浄化する機能がある。土中に入った有機物は、土壌中の食

7 土壌をめぐる環境

物連鎖の過程で最終的に、水、炭酸ガス、アンモニア、硝酸塩などに分解される。さらに生物の排泄物やごみなどは、物理的に土壌粒子により分離される。

土壌中に生存する小動物や細菌の種類や数は、その土地の土壌条件により異なるが、例えば東京の明治神宮の森では、片方の足の下に、約26万匹の小動物と175億個の細菌の生息が確認されている（図7-1）。豊かな土壌環境はまた、貴重な遺伝子宝庫（ジーンプール）でもあり、次世代の新しい医薬品などの原料として活用できる可能性を秘めている。

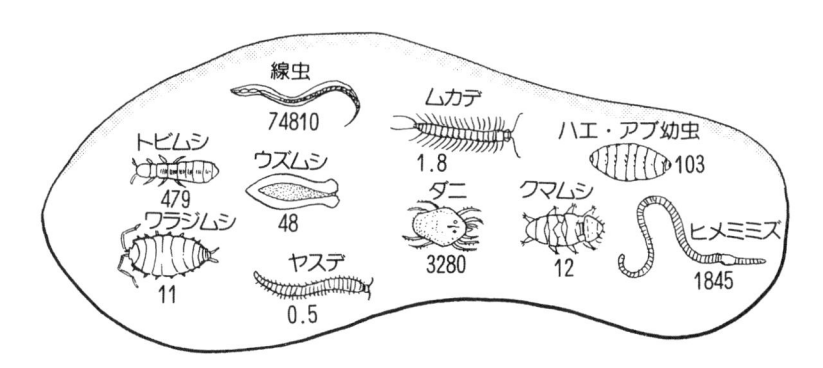

図7-1 片足の靴の下にいる土壌生物の数（青木淳一ほか、1997）より作成
　東京都の明治神宮の森で行われた調査では、片足の足の下の土には26万匹の小動物と175億個の細菌が生存が確認された。

7-2　土壌が危ない

　土壌侵食（エロージョン）とは、雨や風により土壌が流されてしまうことをいう。このような現象は、自然状態においても発生するが、むしろ人為的影響により発生しているものが多く、この場合の侵食速度は表層土壌の形成速度をはるかに上回っている。なかでも農業による土壌侵食の被害は深刻である。過剰な生産を行っている農耕地では、作物が栄養分を奪い取ってしまうため、いくら化学肥料などで外から補給を続けても土壌が疲労し、団粒構造が失われ土壌が侵食されてしまう。また表層土壌の過剰な耕起やかく拌は、土壌の生物的酸化を促進させるため、土壌中の有機物が減少し土壌侵食も起こりやすくする。

　侵食によって表層土壌が失われると、植物が生えていない部分は風や雨で表層土壌が失われ、その土地の生産性が低下し、その土壌を覆う植物の生育も制限される。この結果、土壌侵食がますます進行するという悪循環が起こる。植物が生い茂る熱帯地方の土壌は非常に豊かに思われるが、実際には有機物の分解と植物への再吸収のサイクルが早いため、土壌は非常に薄く森林伐採などで急速に侵食が進行してしまう。

　乾燥地帯での大規模な灌漑では、水路の維持や排水の管理が適さない場合に塩類化を引き起こすことがある。これは、乾燥地帯では、土壌表面から蒸発する水の量が降水量より多いため、地中の水の流れが下から上に向かい、地下水や灌漑水に含まれる塩類（炭酸カルシウムや塩化ナトリウム等）が地表近くに集まるためである。

　塩類化と同様、砂漠化も世界規模で深刻な問題となっている。砂漠化の原因は、気候的な要因のほか、家畜の過放牧、休耕期間を十分に設けない過剰耕作、過剰伐採といった人為的影響も大きい。

　また、有害物質による土壌汚染も深刻な問題になっている。土壌汚染の原因となる有害物質には、産業活動に関連する原材料や埋立廃棄物からの重金属や有機化合物、農耕地やゴルフ場で用いられる農薬や肥料、ゴミ燃焼時に発生するダイオキシンなどがあげられる。環境省の調査（平成17年度公表）によると、昭和50年度から平成14年度までの間の、化学物質の垂れ流しや廃棄物の埋め立てなどを原因とする、土壌中の重金属や揮発性有機化合物（VOC）の基準超過事例は1,082件にものぼっている。土壌は水や大気と比べるとその組成が複

雑で、有害物質に対する反応も多様であるため、汚染状態を長期化する傾向がある。また、これらの有害物質は、食物連鎖を通じ生物内の脂肪に蓄積されるため生物濃縮が進み、高次消費者における有害物質の摂取量が非常に高くなる。人体への影響は、農産物や水などの汚染を通じて間接的に表れるという特徴もある。

　人為的な土壌破壊には、このほか土壌をコンクリートやアスファルトで覆ってしまうことも含まれる。コンクリートやアスファルトで覆った場合、土壌が本来もっている生産や分解、養分および水分の保持といった機能はすべて失われる。これは、湧水の枯渇にもつながり、野生生物の生息環境を質的に変化させてしまう。また、地下水の減少による地盤沈下の恐れもある。さらに、雨水が低地に一気に流れ込むため、都市水害など人間生活にも大きな影響をおよぼす。

　酸性雨による土壌の酸性化も問題視されている。酸性雨は、土壌に吸着しているカルシウム、マグネシウム、カリウムなどを溶かし込むため、植物の生育にとって必要な土壌の養分が減少する。また酸性度が増すことにより、植物根に対し強い毒性を示す土壌中のアルミニウムが溶出する。アルミニウムはアルツハイマー病（老人性痴呆症）の原因物質との疑いもある。土壌からのアルミニウム溶出の増加は、飲料水などを通し直接人体に影響を与えるおそれもある。

　さらに土壌の酸性化は、生態系を支える土壌中の多くの野生生物（特に細菌や放線菌など）の生育を著しく減退させるため、結果的に自然生態系全体に大きな悪影響を与えることになる。

図7-2　約100年前に植えられた茶の木（埼玉県三芳町）

　表層土壌が失われ、茶の木の根元と現在の表層土壌面の間には数十cmの落差ができている。

7-3　土壌を守る

　土壌は、生態系ピラミッドの根底を支える部分である。しかもその形成には極めて長い年月を必要とし、一度失われてしまった場所の自然生態系の回復は、著しく困難である。土壌はその場所の自然生態系にとって決定的な意義をもっているので、他の場所から補給すれば問題が解決するというものではない。

　生物多様性の保全のため、土壌中で発芽せずに生存し続ける種子を保存する、「土壌シードバンク」という方法が実施されている。これにより、単に種組成などを模倣するだけでなく、構成種のもつ遺伝特性などを保存・回復できる。

　土壌の重要性については国内外で認識され、先進的な国々ではその保全について国を挙げて積極的に取り組んでいる。日本においても、環境基本法の第14条第1号に「人の健康が保護され、及び生活環境が保全され、並びに自然環境が保全されるよう、大気、水、土壌その他の環境の自然的構成要素が良好な状態に保持されること。」という条文が設けられている。また、都市計画法においては、1ha以上の大規模開発の際、土壌の保全に必要な措置を講ずるよう定められている（実際には十分な保全が行われていない場合も多い）。

　また土壌の有害物質による汚染に関しては、汚染の防止対策が必要である。そのためには、まず農薬や肥料といった土壌汚染の原因物質の使用を制限していくことが必要である。また、過去に汚染された土地の浄化を実施することも重要である。土壌の汚染物質の分布を的確にとらえ早急に除去しないと、汚染が拡散する可能性がある。土壌汚染の実態を的確に把握し、具体的対策を講じていくためには、汚染の疑いのある地区の調査（土壌および水質）を継続的に行っていく必要がある。

　持続可能な社会とは、再生可能な資源を現代のみならず将来世代にわたって利用できる社会である。そして生物資源を支えるのが植物であり、土壌である。表層土壌が1cm形成されるには100年単位の年月がかかる。地域の自然生態系の保護・回復に不可欠な要素であるその場所ごとの土壌を保全していくことはもちろん、それぞれの地域の生態系を回復するためにも各種開発事業を行う際には、土壌の保全を最優先させていくことが必要となる。

コラム 8　土壌憲章

　世界人口の増加や消費形態の変化に伴い、食糧の需要は年々増え続けている。一方、多くの発展途上国、および先進国において、土地の劣化が原因で耕作可能な場所の単位面積あたりの収量が急速に減少している。このような世界規模での深刻な土地の劣化をくいとめるために、1981年11月のFAO（国連食料農業機関）総会第21回会合で採択されたのが「世界土壌憲章」である。13の原則と行動ガイドラインからなるこの憲章の採択に当たっては、国連および関連国際組織に対して、その原則およびガイドラインを実施することが同時に勧告された。この憲章を基に、各国がその国の実状に合わせたよりきめ細かい独自の土壌憲章をつくり、その理念を具体的施策などに反映していくことが望まれる。この土壌憲章の原則のいくつかを以下に紹介する。

1. 土壌、水、それによって育まれる動植物を構成している土地は、人類が利用できうる主要な資源のひとつであり、人類の生存はそれらの資源の持続的な生産性に依存するものであるから、それらの資源を利用することで劣化または破壊させてはならない。

2. 人類の存続および福祉、各国の経済的自立および食糧生産急増の必要性に対しては、土地資源の最重要性を認識し、最適な土地利用の促進、土壌生産性の維持と向上、また土壌資源の保全を優先的に考えることが重要である。

3. 土壌の劣化とは、水食・風食作用、塩類集積、浸水、植物養分の枯渇、土壌構造劣化、砂漠化、汚染による量的または質的あるいはその両面での、一部または全面的な土壌生産性の損失を意味する。なおその上に、大規模な面積にわたる土壌が農業用以外の利用への転換のために日々失われている。食糧、繊維、木材の生産増加の緊急な必要性を鑑みた場合、これらの開発行為は危険なことである。

11. 土地は広範囲の用途が考えられる潜在性の高いものであるから、他の将来的な用途への転用が長期的、また永久的に閉ざされないように、柔軟な形で保たれなくてはならない。農業以外の目的で利用する場合は、まず良質の土壌をできる限り転用・占有しないよう努力し、転用しなければならない場合は、土壌の質の恒久的な劣化が生じないように配慮すべきである。

13. 土地保全対策は、土地開発の計画段階ではじめから含め、保全費用も開発計画予算に含めて計上すべきである。

私たちの地球は今

8　地下資源について

8 地下資源について

8-1 地下資源と生態系

　地下資源は、大きく化石燃料と鉱物資源の2つに分類される。化石燃料とは、石油、石炭、天然ガスといった生物の遺骸などの化学変化によってつくられたエネルギー源をいい、鉱物資源とは鉄鉱石、アルミニウム、亜鉛といった非生物物質で、その固体のどの部分もほぼ一様な化学的・物理的性質をもったものをいう。

　エネルギーは、一次エネルギーと二次エネルギーに分けられる。一次エネルギーは、石油、石炭、天然ガス、原子力、水力などといったそのままエネルギー源として使えるものを指し、二次エネルギーとは、一次エネルギーが変換、加工、精製された、電気、都市ガス、石油製品などを指す。わが国の一次エネルギー供給のほぼ半分は、石油で賄われている。石油は、自動車、船、発電所の燃料として使われるほか、プラスチック、合成ゴム、合成洗剤といった石油化学製品の原料にも使われる。平成15年度のわが国におけるこのほかの一次エネルギー供給比率は、石炭20.1％、天然ガス14.3％、原子力9.4％であった。

　世界全体の原油生産の30％と埋蔵量の62％は中東地域に集中し、わが国の中東への依存度は、平成15年で実に87％にも達している。一方天然ガスは、石油と比べ埋蔵地域に偏りが少なく、旧ソ連、アメリカ合衆国、カナダなどでも多く生産されている。石炭は、石油や天然ガスと比較して埋蔵量が多く、中国、アメリカ合衆国、インドなどで多く生産される。一次エネルギー消費量がアメリカ合衆国、中国、ロシア、インドに次いで多いわが国ではあるが（2003年）、他のエネルギー大量消費国と比らべても燃料資源が著しく乏しく、一次エネルギー全体の海外依存度は84％である。

　『平成16年度版総合エネルギー統計』によると、全世界で石油の可採年数（ある年の確認埋蔵量をその年の年間生産量で割った数値）は約41年と示されている。他のエネルギーの可採年数は、天然ガスがあと67年、可採年数の長い石炭でも164年、原子力発電の燃料であるウランは85年となっている。

　化石燃料の消費は、枯渇する以前にすでに地球温暖化という別の問題を引き起こしている（6-2参照）。また石炭や重油の燃焼などに伴い硫黄酸化物など

8 地下資源について

図8-1 ナホトカ号重油流出現場
　ナホトカ号の破断事故により流出した重油は推定6,240kℓにも及び、海鳥をはじめとした海洋生態系に多大な被害をあたえた。

が発生し、これが原因で酸性雨の被害が広がっている。さらに原油の採掘および輸送時における事故は、特に海洋生物に多大な被害をおよぼしている。1997年の1月には、大型ボイラーなどに用いられる粘度の高いC重油を積載したロシアのタンカー「ナホトカ号」が、日本海で座礁、沈没し、6,240kℓの重油が海上に流出し、ウミスズメやウトウなどの海鳥をはじめ多数の海洋生物を死滅させた。

　平成15年度の日本の原油輸入量は2億4,485万kℓ、石油製品（燃料油）も含めると総輸入量は、3億1,783万kℓ（東京ドーム235個分）である。そしてこれらを運ぶために非常に多くのタンカーが日本と中東を行き来し、このほかにも「内航タンカー」と呼ばれる国内輸送用タンカーも多く就航している。また、海上保安庁（平成17年）によると、ここ5年間、年平均約470件の海洋汚染が確認されているが、大部分は油による汚染であり、またその多くが船舶によるものである。油の流出はいわば、現在の経済システムのなかで起こるべくして起きている問題といえる。

　地下資源の海外からの輸入はまた、資源輸出国に生息する生物をわが国に運び込んでいる。例えば中近東との間を往復するタンカーの船底には、まだ和名

もつけられていないフジツボの仲間が多数確認されている。またバラスト水（船の重心を安定させるためにタンクに入れる海水）とともに運搬される外来生物による湾内生物相のかく乱も問題になり始めている。

さて一方、主な鉱物資源の可採年数も短かく、亜鉛鉱約22年、スズ鉱約22年、ニッケル鉱約41年、銅鉱約32年などとなっている（表8-1）。日本は世界人口の約2％を占めるにすぎないが、鉱物資源の世界全体の消費量に占める割合は、ニッケルで15％、銅8％、亜鉛6.2％、マンガン5.7％と、大量の金属を消費している。

これらの鉱物資源は、私たちの身の回りのあらゆる所に入り込んでいる。テレビや冷蔵庫といった家電製品、携帯電話やパソコン、住宅やビル、自動車、船、飛行機といった乗り物にいたるまですべて何らかの鉱物資源が使われている。

鉱物資源のほとんどは地下に埋蔵されているため、採掘、運搬、精錬の工程で、①地表の直接的な負荷、②大気、水質、土壌の汚染、③大量の捨石、不用

表8-1　主要な地下資源の利用用途と可採年数

金属鉱	埋蔵鉱量（千t）	生産量（t）	可採年数	用途
銀	270	20,300	13.30	携帯電話、パソコン、プリント基板、装飾品、写真
金	42	2,450	17.14	携帯電話、パソコン、プリント基板、装飾品
スズ	6,100	280,000	21.79	ハンダ、合金
鉛	67,000	3,280,000	20.43	鉛蓄電池、ガス管、ハンダ
亜鉛	220,000	10,100,000	21.78	真ちゅう、積層乾電池、モーター
銅	470,000	14,900,000	31.54	携帯電話、パソコン、プリント基板、電線、日用品
タンタル	43	1,910	22.51	携帯電話、パソコン、デジタルカメラ、磁気ディスク
ニッケル	62,000	1,500,000	41.33	航空機、建材、メッキ、燃料電池

注）可採年数は（埋蔵鉱量）／（生産量）として算出
USGS : Mineral Commodity Summaries 2006 などをもとに作成

鉱物の発生、などといった形で環境を破壊している。例えば海外でしばしば見られる鉱物資源の露天堀は、鉱床を開削するために広い範囲にわたる表土を取り除き、本来そこに存在していた野生生物の生育・生息空間を破壊している。

水質と土壌汚染については、明治20～30年にかけて、足尾銅山（栃木県）からの鉱山廃水によって渡良瀬川が汚染され、周辺住民をはじめ、漁業や農業に莫大な被害を及ぼしたのが代表的な例である。また海外でも、石炭の採掘時に発生する硫化鉱物が原因で、周辺河川の酸性度が上がり、生態系に影響を与えている。

また、平成14年度にわが国で使われた天然資源は約18億トンであるが、これらの資源を採取するために、例えば鉱物資源の採掘に当たって、原産国では表土や捨石、不用鉱物などが約36億トンも生じていると推計されている（隠れたフロー）。海外からの天然資源輸入分については約29億トン、輸入量の4倍以上の隠れたフローが生じていると推計されている。

今のモノが満ち溢れたわが国の繁栄は、原産国で大量にゴミを廃棄し続けることによって成り立っているともいえる。

図8-2　大量に捨てられる携帯電話
　店頭で時にはただ同然の値段で売られている携帯電話。多くの希少金属が使われているにもかかわらず、毎年大量に廃棄されている。

8-2　貴重な地下資源

　石油や天然ガスなどの化石燃料や、亜鉛やスズなどの金属資源のいくつかは、現在の消費量を維持した場合、今後50年ほどで利用できなくなることが予想される。資源の可採年数には、たとえ地球上にある資源が存在したとしても、品位の低い鉱石しか残らないため精錬に膨大なエネルギーを必要としたり、廃棄物の処理などに膨大な費用を要するといった商業的生産が不可能なものは加えていない。

　わが国でも大量に生産される半導体素子にもモリブデン、タングステンなどの希少金属が使われているが、半導体集積回路の中のこれらの金属資源のリサイクルはほとんど考えられていない。このように資源を過剰消費する、半導体素子製造のような産業の持続可能性は疑問視せざるをえない。

　地下資源の可採年数は、新たな資源埋蔵か所の発見や採掘技術の向上により若干伸びることも考えられるが、地下資源が有限なことには変わりはない。しかも資源が枯渇するといった問題が深刻化する以前に、これらの資源利用に伴う深刻な環境問題が、さまざまな形ですでに引き起こされている。それにもかかわらず、世界の地下資源の使用量は着実に増加し続け、環境の悪化も深刻化しているのである。

　地下資源の消費は、工業製品や農産物の生産・消費過程で、必ず「ゴミ」を発生させる。たとえ、どんなに長持ちをする製品であっても最終的には「ゴミ」となり、廃棄せざるをえない。わが国では、環境問題を廃棄物問題ととらえる傾向が強く、リサイクル促進が環境問題の解決策であるかのように考えられている。しかし、リサイクルの過程でもエネルギーが必要であり、その処理工程においても廃棄物が発生し、リサイクル品自体も最後にはやはり「ゴミ」になるため、根本的な解決にはならない。

　私たちが生きるために利用している資源には、石油や鉱物などの再生が不可能な地下資源と、適切に利用すれば再生産が可能な生物資源がある。わが国をはじめ、先進国はあまりにも急ピッチで地下資源を消費しているため、有限資源の枯渇までの時間がますます迫ってくることになる。しかもそれに伴う環境への負荷があまりにも大きいために、地球規模での環境破壊が進行し、野生生物の絶滅や激減、土壌の汚染や喪失、水や大気の汚染といった問題を引き起こ

し、本来再生可能な生物資源をも破壊してしまっている。

　有限である地下資源を有効に活用するため、地下資源はなるべく採掘せず必要最小限度の消費にとどめることが望まれる。地下資源は現代世代だけのものでも、先進国だけのものでもない。資源を将来世代にわたり世界が公平に利用するといった考え方が必要である。さらに資源を利用する場合は、採掘から廃棄までの各段階で、極力環境に負荷をかけない方法で行うことが重要である。そのため、材料および製品の開発に際しては、再使用、再利用の可能性も重視する必要がある。

法律の世界をのぞく

9　自然生態系を
　　守るための法制度

法律の世界をのぞく

9　自然生態系を守るための法制度

9-1　国内法制度の内容と課題

　環境問題解決の本質は、自然生態系を守りそして回復させていくことにある。そのためには、今後、憲法をはじめわが国のすべての法令を、「自然生態系の保護・回復」という視点から、見直していく必要がある。なぜなら、自然生態系の重要性が社会的に認知されはじめてからまださほどの年月も経っておらず、したがってわが国の法体系はまだ開発志向の色を強く残したままだからである。

　以下ここでは、開発優先の現行法体系のなかにあって、形作られつつあるわが国の自然環境保全に関する法体系について、11の法律と5の国際条約を取り上げ、その到達点を確認しながら、さらにまたその問題点についても概観する。

9-1-1　環境基本法

　1992年にリオデジャネイロ（ブラジル）で国連環境開発会議（地球サミット）が開催され、地球環境の保全と持続可能な発展を実現するための具体的対応策が検討された。この会議には、世界180カ国が参加し、100カ国の元首、首脳が出席した。わが国の「環境基本法」は、この会議の翌1993年（平成5年）に制定された。

　環境基本法の構成は、環境保全に関する基本理念（第3～5条）、国・地方自治体・事業者・国民それぞれの責務（第6～9条）、国や地方自治体の環境保全に関する施策の基本的事項（第14～40条）等であるが、特に第4条において、日本の社会のあるべき姿を「持続的発展が可能な社会」と明確に示した点が注目される。

　「持続的発展が可能な社会」とは、持続可能な開発 sustainable development の考え方を踏まえた概念である。sustainable development については、国際自然保護連合等の『新・世界環境保全戦略』（1992年）で、「人々の生活の質的改善を、その生活支持基盤となっている各生態系の収容能力限度内で生活

しつつ達成することである。」と定義されている。

> 〔環境基本法〕
> 　第4条（環境への負荷の少ない持続的発展が可能な社会の構築等）
> 　環境の保全は、社会経済活動その他の活動による環境への負荷をできる限り低減することその他の環境の保全に関する行動がすべての者の公平な役割分担の下に自主的かつ積極的に行われるようになることによって、健全で恵み豊かな環境を維持しつつ、環境への負荷の少ない健全な経済の発展を図りながら持続的に発展することができる社会が構築されることを旨とし、及び科学的知見の充実の下に環境の保全上の支障が未然に防がれることを旨として、行われなければならない。

　生物多様性の確保に直接関連する規定も設けられ（第14条）、国および地方自治体が環境の保全に関する施策を策定したり実施したりする際、生物多様性を確保すべき旨が定められた。「生物多様性の確保」とは、生物多様性条約（9-2-1）を受けたもので、生態系の多様性、野生生物種間の多様性および種内多様性という三つのレベルでの多様性の確保を指す。

> 第14条第1項第2号
> 　生態系の多様性の確保、野生生物の種の保存その他の生物多様性の確保が図られるとともに、森林、農地、水辺地等における多様な自然環境が地域の自然的社会的条件に応じて体系的に保全されること。

　また、環境基本法は第15条で、「環境基本計画」の策定を政府に義務づけている。これを受け、政府は平成6年（1994年）に環境基本計画を策定した。環境基本計画においては、「循環」「共生」「参加」「国際的取組」という4つの長期目標が掲げられるとともに、それを実現するための各種施策の大綱などが定められた。環境基本計画については、その後、平成12年（2000年）に第二次環境基本計画、平成18年（2006年）に第三次環境基本計画が定められている（表9-1）。

　また、国における環境基本法の制定をきっかけに、地方自治体において環境基本条例が次々とつくられ、平成10年3月現在ですでにほぼ全都道府県において環境基本条例が制定されている。現在では、この動きはさらに市町村のレベルに広がっている。

環境基本法、環境基本条例に基づく総合的な環境行政が、わが国においても始まりつつあるといえる。

表9-1　第三次環境基本計画に示された我が国の環境政策の長期的目標

共　生	○健全な生態系が維持、回復され、自然と人間との共生が確保されること。	○現在に加え将来においても環境への負荷が環境保全上の支障を生じさせることのないように、環境の負荷が環境の容量を超えないものであること。 ○地域の風土や文化的資産がいかされ、環境的側面から安全・安心で、質の高い生活が確保されること。
循　環	○自然界全体の物質循環から、各種の規模の生態系・地域における人間の社会経済活動を通じた物質循環までを含む、様々な系において健全な循環が確保されること。	
参　加	○世代間、地域間、主体間で健全で環境の恵み豊かな持続可能な社会を作るための負担が公正かつ公平に分かち合われること。 ○国民が自発的に環境保全のために行動できるとともに、環境に影響を与える行政機関などの意志決定に適切に参加できること。	
国際的取組	○地球環境保全が人類共通の課題であり我が国にとって重要なものであることを踏まえ、地球全体における環境の保全と世界のすべての人々がそのための行動をとることに向けて地球規模の協力、連携が行われること。	

アメリカの原生自然保護法

コラム 9

「原生自然保護法 Wilderness Act」（1964年制定）は、生態系保全に関するアメリカ合衆国の法律のなかで、最も基本的かつ重要な法律である。

原生自然の姿を残している地域を保護区に指定し、道路建設等の開発を禁止し、原生的姿のまま永遠に、将来世代を含めた人類の財産としてとっておくという考えは、いまでこそ驚くものではない。しかし、この考えを世界で初めて法律にし、私たち日本人にあっても現在この考えを当然のものとして認識することができるのは、この法律のおかげといえる（日本の自然環境保全法（9-1-2）はこのアメリカの原生自然保護法を参考につくられた法律である）。

さて原生自然保護法にもとづく保護指定地域数であるが、この10年ほどの間にも50カ所以上増え、2006年時点で約680か所、総面積で約1億エーカー（4,047万ha）を超えている。これはアメリカ合衆国全土の約5％に当たる。アメリカでは、過去に林業が行われていた場所であっても、自然復元が進んでいる地域については「原生自然」に当たるとみなし、アラスカや西部地域だけでなく東部地域においても、近年原生自然保護地域の指定を進めている。

ヨセミテ原生自然保護地域（約27万ha、1984指定）

9-1-2　自然環境保全法

　自然環境保全法は、自然環境を保全することが特に必要な区域の適正な保全を総合的に推進するために、昭和47年（1972年）に制定された法律である。
　この法律が対象にしている自然環境は主に、原生状態の自然、高山性植生域、すぐれた天然林といったあまり人の手の入っていない自然環境である。本法を根拠とした保護地域には、①原生自然環境保全地域、②自然環境保全地域、および③都道府県自然環境保全地域の指定があるが、平成18年3月現在、原生自然環境保全地域は遠音別岳など5カ所、自然環境保全地域は白神山地など10カ所、合わせて約2万7,200haが、また都道府県自然環境保全地域は536カ所、約7万6,300haが指定されている。
　また、自然環境保全法に基づいて、自然環境の保全のために講ずべき施策の策定に必要な基礎調査として、おおむね5年に一度、野生動物・植生等に関する全国的調査（自然環境保全基礎調査・緑の国勢調査）が実施されている。

①　原生自然環境保全地域

　原生自然環境保全地域は、人の活動の影響を受けることなく原生の状態を維持している1,000ha以上（周囲が海面に接している区域については300ha以上）の国または地方公共団体が所有する土地を対象に、環境大臣が指定する。原生自然環境保全地域に指定された区域においては、工作物の新築、木竹の伐採・損傷、落葉や落枝の採取等は、原則禁止である。さらに環境大臣は、原生自然環境保全地域における自然環境を保全するために特に必要がある地区を、「立入制限地区」に指定することもできる。

②　自然環境保全地域

　自然環境保全地域は、すぐれた天然林が相当部分を占める100ha以上の森林や、野生動物の生息地・繁殖地で自然環境がすぐれた10ha以上の土地等を対象に、環境大臣が指定する。
　自然環境保全地域については、さらに内部が特別地区（野生動植物保護地区を含む）、海中特別地区、普通地区に分かれている。特別地区、海中特別地区においては、工作物の新築、木竹の伐採などの行為は、環境大臣の許可がなけ

ればしてはならない。普通地区においては、一定規模以上の工作物の新築等を行う場合、環境大臣にその旨を届けることが義務づけられている。このように普通地区における行為制限は、特別地区等に比べて弱い。しかし、法的には、環境大臣は、普通地区についても、自然環境を保全するために、届出に係る行為を禁止したり制限することができる（法第28条第2項）。

③ 都道府県自然環境保全地域

都道府県は、条件を設けて、自然環境保全地域ほど大面積ではないがそれに準ずる区域を、都道府県自然環境保全地域に指定することができる（一般に自然環境保全地域に準じ、すぐれた天然林が相当部分を占める10ha以上の森林や、野生動物の生息地・繁殖地で自然環境がすぐれた1ha以上の土地が、指定対象とされている）。

都道府県はまた、都道府県自然環境保全地域内に、特別地区（野性動植物保護地区を含む）と普通地区を設け、自然環境保全地域に関する規制の範囲内で、特別地区・普通地区につき必要な規制を定めることができるとされている。

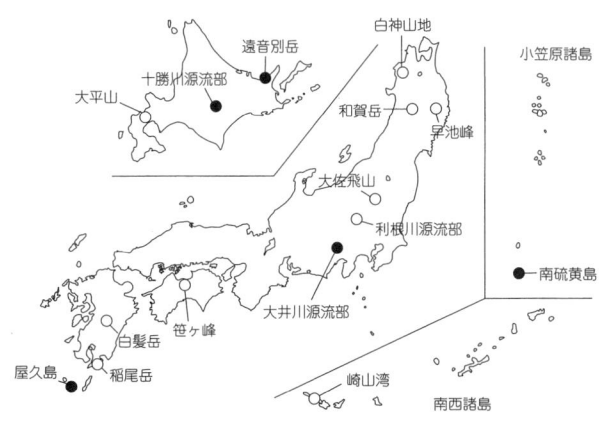

図9-1　自然環境保全法に基づく原生自然環境保全地域と自然環境保全地域

9-1-3 自然公園法

　自然公園法は、すぐれた自然の風景地を保護するとともに、その利用の増進を図るために昭和32年（1957年）に制定された法律である。自然公園は、わが国を代表する傑出した自然の風景地などの地域を対象に指定され、指定地域では、そこに生育、生息する野生動植物やそれらの生育、生息環境が、当該自然景観の構成要素として認識され、その保護が図られていることになっている。
　自然公園は、国立公園、国定公園および都道府県立自然公園の3種に分けられる。

国立公園と国定公園

　国立公園と国定公園は、環境大臣が区域指定を行う。
　国立公園・国定公園ともに公園区域は、特別地域（特別保護地区、第一種特別地域・第二種特別地域・第三種特別地域）、普通地域、海中公園地区に区分される。
　特別地域においては、工作物の新築、指定植物の採取などの行為について、国立公園の場合は環境大臣、国定公園の場合は都道府県知事の許可を必要とする。また、野生生物の生育・生息地保護などの観点から、環境大臣は、スノーモービル、オフロード車、モーターボートなどの乗り入れを、禁止する区域を特別地域内に設けることができる。平成17年度末現在、国立公園・国定公園あわせて45地区、約24万9,000haが乗入れ禁止地区に指定されている。
　特別地域の中でも特に重要な自然景観地は、特別保護地区に指定される。特別保護地区では、特別地域内での規制に加え、木竹の損傷、落葉落枝の採取などの行為も許可がなければしてはならないとされる。
　サンゴ礁などについては海中公園地区という指定制度もある。海中公園地区においては指定動植物の採捕、海面の埋立等の行為が、許可事項とされる。
　普通地域において一定の開発行為を行う際には、届出が必要とされている。環境大臣または都道府県知事は、当該公園の風景を保護するために必要な範囲内で、当該届出行為を禁止したり、制限することができることになってはいる（法第26条第2項）が、ほとんど意味がない状態にある。
　特別地域、普通地域といった線引きの見直しや公園区域そのものの拡大など、

9　自然生態系を守るための法制度

生態系保全、回復の観点から、各自然公園において、今後、公園計画を大幅に見直していく必要がある。

都道府県立自然公園
　都道府県も、条例を設けて、都道府県立自然公園を設け、特別地域と普通地域を指定することができる。特別地域と普通地域についての行為制限については、国立公園・国定公園の行為制限に準ずることとされている。

　自然公園法は、すぐれた自然風景地の「保護」「利用」の2つを目的とする法律であるが、わが国においては「利用」が優先される場合が多く、そのため公園事業によって、公園の生態的質が低下するという事態が生じている。日本の自然公園の多くの部分は私有地で、この点、ほとんどが連邦や州政府の所有地であるアメリカの国立公園とは大きく異なる。このような日本の自然公園を「地域制公園」といい、アメリカの国立公園を「営造物公園」という。地域制公園であっても適切な地種区分、行為制限がかけられていれば、生態系保全上の目的は達成される。

　近年、生物多様性保全の観点から法律等の改正が行われている（平14年の法律改正など）。しかし日本では、財産権の尊重が過度に主張され、生態系保全の観点からの公用制限が、まだまだ十分にかけられない状態にある。

　先にも少しふれたように、自然生態系の保全、回復という公共の福祉の観点から、公園区域の拡大、重要な地域の地種の格上げを行う必要があるが、その際、財産権のあり方についても、国民レベルで議論を行う必要がある。

表9-2　自然公園の地種別面積（平成17年3月末日現在）

種　別	公園面積	内　訳					
		特　別　地　域				普通地域	比率
		特別保護地域	比率		比率		
国立公園 （28カ所）	2,065,167	273,821	13.3	1,471,889	71.3	593,278	28.7
国定公園 （55カ所）	1,344,453	66,493	4.9	1,251,218	93.1	93,235	6.9
都道府県立自然公園（309カ所）	1,961,287	—	—	704,575	35.9	1,256,712	64.1

（資料：環境省　数値は面積がha、比率は％）

9-1-4　鳥獣保護法（鳥獣の保護及び狩猟の適正化に関する法律）

　鳥獣保護法は、鳥獣の保護繁殖、有害鳥獣の捕獲などを図るための法律である。野性鳥獣は自然生態系を構成する重要な要素であり、自然生態系の安定性に欠くことができない。また私たち人間の生活環境をうるおいのあるものにするという点からも必要不可欠である。さらにフクロウ、ノスリは害虫やノネズミを捕食し、海鳥は魚群探知に役立つなど、野生鳥獣の存在は農林水産業の振興という点からも意味がある。こうしたことからわが国では鳥獣保護法により、鳥獣全種（狩猟鳥獣等を除く）の捕獲が原則として禁止されている（法第8条）。また、捕獲禁止にとどまらず、さらに鳥獣の保護繁殖を図るために、環境大臣または都道府県知事により、本法に基づいて、鳥獣保護区などが設けられている。鳥獣保護区の設定状況は、表9-3の通りである。鳥獣保護区は、鳥獣の生息態様など保護区設定の目的を明らかにするという観点から、表9-4の通り、7つの区分に従って設定するとされている。

　鳥獣保護区の区域内においては、鳥獣の捕獲が禁止されることはもちろん、それぞれの鳥獣保護区の設定目的を達成するため、水鳥の餌となるマコモの植栽など鳥獣の採餌環境、営巣環境を整備改善するよう努めることとされている。さらに環境大臣または都道府県知事は、鳥獣の保護繁殖を図るために、鳥獣保護区以内に「特別保護地区」を設けることができる。特別保護地区においては、水面の埋立・干拓、木竹の伐採、工作物の設置などは、環境大臣または都道府県知事の許可を得なければしてはならないとされている。とはいえ、全鳥獣保護区に占める特別保護地区の面積割合は7.5％に過ぎない。

　鳥獣保護法に基づく規制には、狩猟鳥獣種の規制、狩猟の免許制と登録制、狩猟方法の制限、狩猟場所・数・期間の制限といったものもある。平成14年（2002年）に法律が改正され、法律の目的に「生物の多様性の確保」が盛り込まれた。自然生態系の保護・回復という観点から鳥獣を認識し、積極的にこれを保護管理するという方向に、鳥獣保護法が積極的に運用されていくことが期待される。

9　自然生態系を守るための法制度

表9-3　鳥獣保護区の設定状況

平成16年3月末現在

	国　指　定		都道府県指定		合　　計	
	箇所数	面　積	箇所数	面　積	箇所数	面　積
鳥獣保護区	59	514	3,882	3,118	3,941	3,632
うち特別保護地区	46	117	576	149	622	266

（資料：環境省　面積の単位：千ha）

表9-4　鳥獣保護区の指定区分及び指定基準（抜粋）

指定区分	指定基準（抜粋）
森林鳥獣生息地の保護区	森林に生息する鳥獣の保護を図るため、大規模生息地の保護区を除き、森林面積がおおむね10,000ha（北海道にあっては20,000ha）ごとに1箇所を選定するよう努める。面積は300ha以上となるよう努める。
大規模生息地の保護区	行動圏が広域に及ぶ大型鳥獣を始めその地域に生息する多様な鳥獣相を保護するため、必要な地域を指定する。1箇所当たりの面積は10,000ha以上とする。
集団渡来地の保護区	集団で渡来する渡り鳥及び海棲哺乳類（一部をのぞく）の保護を図るためこれらの渡来地である干潟、湿地、湖沼、岩礁等のうち必要な地域を指定する。
集団繁殖地の保護区	集団で繁殖する鳥類、コウモリ類及び海棲哺乳類の保護を図るため、島しょ、断崖、樹林、草原、砂地、洞窟等における集団繁殖地のうち必要な地域を指定する。
希少鳥獣生息地の保護区	環境省レッドリストに絶滅危惧Ⅰ類、Ⅱ類、絶滅のおそれのある地域個体群として掲載されている鳥獣、都道府県が作成したレッドデータブックに掲載されている鳥獣などの生息地で必要な地域を指定する。
生息地回廊の保護区	生息地が分断された鳥獣の保護を図るため、生息地間をつなぐ樹林帯や河畔林等であって鳥獣の移動経路となっている地域又は鳥獣保護区に指定することにより鳥獣の移動経路としての機能が回復する見込みのある地域のうち必要な地域を指定する。
身近な鳥獣生息地の保護区	市街地及びその近郊において鳥獣の良好な生息地を確保し若しくは創出し、豊かな生活環境の形成に資するため必要と認められる地域などを指定する。

（環境省「鳥獣の保護を図るための事業を実施するための基本的な指針」をもとに作成）

9-1-5　種の保存法（絶滅のおそれのある野生動植物の種の保存に関する法律）

　絶滅の危機に瀕している野生動植物種の保護は、生物多様性を確保するうえで緊急の課題である。「種の保存法」は、このような種の保存を図り、またそのことを通じて良好な自然環境を保全するため、平成4年（1992年）に制定された法律である。本法はまた「ワシントン条約」（9-2-3）を実効性あるものにするための国内法としての性格ももっている。

　種の保存法に基づいて指定される希少野生動植物種には、①国内希少野生動植物種、②国際希少野生動植物種、③緊急指定種、の三つがあり、これらについては、個体の捕獲・採取、譲渡し・譲受けなどは、原則禁止とされている。

　国内希少野生動植物種については、環境大臣は、生息地または生育地、およびこれらと一体的に保護を図る必要がある区域を、「生息地等保護区」に指定するという制度を設けている。生息地等保護区は、管理地区と監視地区に分けられ、管理地区では環境大臣の許可がなければ、工作物の新築、土石の採取等の行為をしてはならない。監視地区については環境大臣への事前届出という手続きになる。環境大臣は、届出に係る行為が指定の区域の保護に関する指針に適合しないものである場合、その行為を禁止・制限することができる（法第39条第2項）。また管理地区の核となる場合を「立入制限地区」に指定する制度も用意されている。

　保護地域制度まで備えられている「種の保存法」であるが、しかし、平成17年3月現在の国内希少野生動植物種はイヌワシ、クマタカなど73種（亜種を含む）、生息地等保護区は7種について計8地区約870haが指定されているだけである。レッドデータブックに掲載されている野生生物の数と比較して、希少野生動植物種と生息地等保護区の指定数はきわめて少ない。国として予算を十分に確保し、本法を積極的に活用していくことが必要である。

　近年、地方自治体において、種の保存条例を制定し、県や市町村のレベルで絶滅のおそれが高い種を、条例に基づき指定する試みが始まっている。地域絶滅の防止、遺伝子レベルでの生物多様性の保全に向け、地方自治体レベルで種の保存条例の制定およびその積極的な活用が、強く望まれる（p.146～147参照）。

表9-5　国内希少野生動植物種一覧表

（平成17年3月現在）

	科　名	種　名
鳥類（39種）	あほうどり科	アホウドリ
	う科	チシマウガラス
	こうのとり科	コウノトリ
	とき科	トキ
	がんかも科	シジュウカラガン
	わしたか科	オオタカ、イヌワシ、ダイトウノスリ、オガサワラノスリ、オジロワシ、オオワシ、カンムリワシ、クマタカ
	はやぶさ科	シマハヤブサ、ハヤブサ
	きじ科	ライチョウ
	つる科	タンチョウ
	くいな科	ヤンバルクイナ
	しぎ科	アマミヤマシギ、カラフトアオアシシギ
	うみすずめ科	エトピリカ、ウミガラス
	はと科	キンバト、アカガシラカラスバト、ヨナクニカラスバト
	ふくろう科	ワシミミズク、シマフクロウ
	きつつき科	オーストンオオアカゲラ、ミユビゲラ、ノグチゲラ
	やいろちょう科	ヤイロチョウ
	ひたき科	アカヒゲ、ホントウアカヒゲ、ウスアカヒゲ、オオトラツグミ、オオセッカ
	みつすい科	ハハジマメグロ
	あとり科	オガサワラカワラヒワ
	からす科	ルリカケス
哺乳類（4種）	おおこうもり科	ダイトウオオコウモリ
	うさぎ科	アマミノクロウサギ
	ねこ科	ツシマヤマネコ、イリオモテヤマネコ

爬虫類（1種）	へび科	キクザトサワヘビ
両生類（1種）	さんしょううお科	アベサンショウウオ
魚類（4種）	こい科	イタセンパラ、スイゲンゼニタナゴ、ミヤコタナゴ
	どじょう科	アユモドキ
昆虫類（5種）	とんぼ科	ベッコウトンボ
	せみ科	イシガキニイニイ
	げんごろう科	ヤシャゲンゴロウ
	こがねむし科	ヤンバルテナガコガネ
	しじみちょう科	ゴイシツバメシジミ
植物（19種、うち特定国内希少野生動植物種6種）	おしだ科	アマミデンダ
	つつじ科	ムニンツツジ、ヤドリコケモモ
	のぼたん科	ムニンノボタン
	らん科	アサヒエビネ、ホシツルラン、チョウセンキバナアツモリソウ、ホテイアツモリ、レブンアツモリソウ、アツモリソウ、オキナワセッコク、コゴメキノエラン、シマホザキラン、クニガミトンボソウ
	こしょう科	タイヨウフウトウカズラ
	とべら科	コバトベラ
	はなしのぶ科	ハナシノブ
	きんぽうげ科	キタダケソウ
	くまつづら科	ウラジロコムラサキ

（資料：環境省）

9 自然生態系を守るための法制度

表9-6 生息地等保護区一覧

平成17年3月現在

名　　称	面積(ha)　カッコ内は管理地区
羽田ミヤコタナゴ生息地保護区 （栃木県大田原市）	60.6 (12.8)
北岳キタダケソウ生育地保護区 （山梨県中巨摩郡芦安村）	38.5 (38.5)全域
大岡アベサンショウウオ生息地保護区 （兵庫県城崎郡日高町）	3.1 (3.10)全域
山迫ハナシノブ生育地保護区 （熊本県阿蘇郡高森町）	1.13 (1.13)全域
北伯母様ハナシノブ生育地保護区 （熊本県阿蘇郡高森町）	7.05 (1.94)
藺牟田池ベッコウトンボ生息地保護区 （鹿児島県薩摩郡祁答院町）	153.0 (60.0)
宇江城岳キクザトサワヘビ生息地保護区 （沖縄県島尻郡仲里村及び具志川村）	600.0 (255.0)
米原イシガキニイニイ生息地保護区 （沖縄県石垣市）	9.0 (9.0)全域

（資料：環境省）

藺牟田池ベッコウトンボ生息地保護区

9-1-6 自然再生推進法

　自然再生推進法は、過去に行われた公共事業や人間活動などによって損なわれた自然を再生するために、平成14年（2002年）に制定された法律である。日本の生物多様性の保全にとって重要な役割を担うものであり、地域の多様な主体の参加により、河川、湿原、干潟、藻場、里山、里地、森林、サンゴ礁などの自然環境を保全、再生、創出、又は維持管理することを求めている。

　この法律が定義している自然再生は、繰り返しになるが、環境影響評価などで課題となる代償措置、すなわち、開発行為などに伴い損なわれる環境と同種のものをその近くに創出するといった代償措置とは異なると整理されている点に注意が必要がある。

　自然再生は、地域の多様な主体の参加のもと、ボトムアップで実施されることが重要である。このため、自然再生事業の実施者は、地域住民、NPO／NGO、自然環境に関する専門家、土地の所有者、関係行政機関などとともに、自然再生協議会を組織することが義務づけられている。自然再生協議会では、自然再生全体構想を作成するとともに、自然再生事業実施計画の案を協議する。自然再生協議会は、原則公開とされ、透明性の確保が求められる。

　自然再生事業は、複雑で絶えず変化する生態系その他の自然環境を対象とした事業であることから、順応的な進め方により実施する必要がある。順応的な進め方とは、すなわち、地域の自然環境に関し専門的知識を有する者の協力を得て、自然環境に関する事前の十分な調査を行い、事業着手後も自然環境の再生状況をモニタリングし、その結果を科学的に評価し、これを自然再生事業に反映させるという方法である。

　自然再生事業の実施にあたっては、自然再生の目標とする生態系その他の自然環境の機能を損なうことのないよう、自然環境が再生していく状況を長期的・継続的にモニタリングし、必要な場合には自然再生事業の中止も含め、計画や事業の内容を見直していくことが重要である。

9 自然生態系を守るための法制度

表9-7 自然再生推進法に基づく自然再生協議会

(平成17年7月現在)

協　議　会　名	位置
釧路湿原自然再生協議会	北海道
上サロベツ湿原自然再生協議会	北海道
森吉山麓高原自然再生協議会	秋田県
蒲生干潟自然再生協議会	宮城県
霞ヶ浦田村・沖宿・戸崎地区自然再生協議会	茨城県
荒川太郎右衛門地区自然再生協議会	埼玉県
くぬぎ山地区自然再生協議会	埼玉県
野川第一・第二調節池地区自然再生協議会	東京都
多摩川源流自然再生協議会	山梨県
巴川流域麻機遊水地自然再生協議会	静岡県
神於山保全活用推進協議会	大阪府
八幡湿原自然再生協議会	広島県
椹野川河口域・干潟自然再生協議会	山口県
竹ヶ島海中公園自然再生協議会	徳島県
樫原湿原自然再生協議会	佐賀県
阿蘇草原再生協議会	熊本県
やんばる河川・海岸自然再生協議会	沖縄県
石西礁湖自然再生協議会	沖縄県

アメリカワニ　　　　　　　　　ベニヘラサギ

図9-2　一度直線化した河道の32kmを埋め戻し、太平原をゆったり蛇行して流れるかつてのキシミー川の姿を再現しようというプロジェクトが進められている（アメリカ・フロリダ州）。

（出典）South Florida Water Management District 提供資料

9-1-7 特定外来生物による生態系等に係る被害の防止に関する法律

4-1-3でも述べたとおり、外来種による生態系への悪影響は、現在非常に深刻である。「特定外来生物による生態系等に係る被害の防止に関する法律（外来生物法）」は、この法律に基づいて指定する「特定外来生物」を飼うこと、輸入することなどを規制するとともに、特定外来生物を捕獲することなどによって生態系などへの被害を防止し、生物多様性を確保しようとするものである。

特定外来生物とは、海外起源の外来生物であって、生態系、人の生命・身体、農林水産業へ被害を及ぼすもの、または及ぼすおそれがあるものの中から指定される。生きているものに限られ、また、個体だけではなく、卵、種子、器官なども含まれる。

海外起源の外来生物ということから、例えば、北海道にしかいない在来生物を、本来の分布地域でない本州に導入しても、国内移動であることから、本法は適用されない。

特定外来生物に指定されると、次のような行為が禁止される。

- 飼育、栽培、保管及び運搬の原則禁止（学術研究等の目的で許可を受けた場合は除く）
- 輸入の禁止（許可を受けている者は除く）
- 野外へ放つ、植えるおよび、まくことの禁止

ただし、特定外来生物を野外で捕まえた場合、自宅に持ち帰ることは「運搬」に該当するため禁止されているが、その場ですぐに放すことは規制されない。このため、ブラックバス釣りで行われるいわゆる「キャッチ・アンド・リリース」は規制対象とはならない。

この法律が制定される前、水質浄化や鑑賞などの目的で、オオフサモやボタンウキクサといった水草が園芸品店などで売られていたが、法律が施行され、これらの種が特定外来生物に指定されてから、販売することはできなくなった。

野外に放たれたり、逃げ出した特定外来生物は、放置しておくと分布を拡大しながら様々な被害を及ぼすおそれがある。このため、この法律では、特定外

来生物の「防除」についても定めている。国の行政機関が防除を行う場合、特定外来生物の捕獲については鳥獣保護法の捕獲手続きが不要とされ、また、他人の土地や水面であっても、一定の条件の下、立ち入ることができる。「防除」の実施が必要となった場合、その原因となった行為をした者が特定できる場合には、防除費用を負担させることができる。地方公共団体や環境NGOも、環境大臣などの確認、認定を受けることにより、鳥獣保護法の捕獲手続きが不要となり、地方公共団体の場合は、国同様、他人の土地や水面へも一定の条件の下で立ち入ることができる。

表9-8　特定外来生物一覧

（平成18年2月1日現在）

哺乳類	フクロギツネ、ハリネズミ属の全種、タイワンザル、カニクイザル、アカゲザル、ヌートリア、クリハラリス（タイワンリス）、タイリクモモンガ（エゾモモンガを除く）、トウブハイイロリス、キタリス（エゾリスを除く）、マスクラット、アライグマ、カニクイアライグマ、アメリカミンク、ジャワマングース、アキシスジカ属の全種、シカ属の全種（ホンシュウジカ、ケラマジカ、マゲシカ、キュウシュウジカ、ツシマジカ、ヤクシカ及びエゾシカを除く）、ダマシカ属の全種、シフゾウ、キョン
鳥類	ガビチョウ、カオグロガビチョウ、カオジロガビチョウ、ソウシチョウ
爬虫類	カミツキガメ、グリーンアノール、ブラウンアノール、ミナミオオガシラ、タイワンスジオ、タイワンハブ
両生類	オオヒキガエル、キューバズツキガエル、コキーコヤスガエル、ウシガエル、シロアゴガエル
魚類	チャネルキャットフィッシュ、ノーザンパイク、マスキーパイク、カダヤシ、オオクチバス、コクチバス、ブルーギル、ストライプバス、ホワイトバス、ヨーロピアンパーチ、パイクパーチ、ケツギョ、コウライケツギョ
昆虫類	テナガコガネ属の全種（ヤンバルテナガコガネを除く）、ヒアリ、アカカミアリ、アルゼンチンアリ、コカミアリ
無脊椎動物	キョクトウサソリ科の全種、ジョウゴグモ科のうち2属全種（Atrax属の全種及びHadronyche属の全種）、イトグモ属のうち3種（L. reclusa、L. laeta及びL. gaucho）、ラトロデクトゥス（ゴケグモ）属のうち4種（セアカゴケグモ、ハイイロゴケグモ、ジュウサンボシゴケグモ、クロゴケグモ）、ザリガニ類2属と2種（Astacus属の全種、ウチダザリガニ／タンカイザリガニ（シグナルクレイフィッシュ）、ラスティークレイフィッシュ、Cherax属の全種）、モクズガニ属の全種（モクズガニを除く）、カワヒバリガイ属の全種、クワッガガイ、カワホトトギスガイ、ヤマヒタチオビ（オカヒタチオビ）、ニューギニアヤリガタリクウズムシ
植物	オオキンケイギク、ミズヒマワリ、オオハンゴンソウ、ナルトサワギク、オオカワヂシャ、ナガエツルノゲイトウ、ブラジルチドメグサ、アレチウリ、オオフサモ、スパルティナ・アングリカ、ボタンウキクサ、アゾラ・クリスタータ

9-1-8　都市緑地法

　都市緑地法は、都市における緑地の保全および緑化の推進を図るために昭和48年（1973年）に制定された法律である。制定当初は「都市緑地保全法」であったが、平成16年（2004年）に改正され「都市緑地法」となった。
　都市緑地法のポイントは①「緑の基本計画」、②特別緑地保全地区、③緑地保全地域、④市民緑地、の4点である。

①　緑の基本計画

　「緑の基本計画」とは、住民にもっとも身近な自治体である市町村が、中長期的な目標のもとに策定する、総合的な緑地の保全および緑化の推進に関する基本計画である。「緑の基本計画」では、「緑地の保全及び緑化の目標」「目標実現のための施策に関する事項」のほか、「緑地の配置に関する方針」等が定められる。緑地の配置方針に関しては、動植物の生息地または生育地としての緑地のネットワークという視点をもつことが必要とされている点が注目される。

②　特別緑地保全地区制度

　都市緑地法第12条に基づいて、都道府県は、都市計画区域内の土地で次の指定要件を満たす都市を、都市計画に「特別緑地保全地区」として定めることができる（小規模なものについては、市町村が決定できる）。指定要件は、①公害・災害防止等のために必要な遮断地帯や緩衝地帯地域、②神社・寺院など伝統・文化的意義のある区域、③住民の健全な生活環境の確保に必要な地域で、イ）風致又は景観が優れたところ、ロ）動植物の生息地又は生育地として適正に保全する必要があるところ（法第12条第1項第3号ロ）である。特に最後の動植物の生息・生育地、すなわちビオトープは、平成6年の改正時に追加された指定要件である。それまで特別緑地保全地区に指定できなかった都市内の湿地、ため池、荒れ地などを、指定できるようにしたもので、生態系保全の視点を法律上位置づけたものとして重要である。以下、「都市緑地保全法の一部改正について」（平成6年10月建設省都市局長通達）から、ビオトープが指定要件に追加された経緯に関する部分を引用する。

「都市の雑木林や草むら等身近な自然的環境が減少している中で、都市内において一定の動植物の生息・生育空間を維持し、都市住民の生物とのふれあいを確保し、共生をはかっていくなど、生態系に配慮したまちづくりを進めることが重要となりつつある。／法第3条第1項第3号ロの緑地保全地区は、こうした状況を踏まえ、動植物の生育地区又は生息地としての特性を持つ緑地を適正に保全することを目的とするものであり、(中略)このため、藪、湿地、ため池等必ずしも風致又は景観が優れていない緑地についても、必要に応じて当該緑地保全地区の積極的な決定を図ること。」

特別緑地保全地区に指定されると、工作物の新改増築、土石採取、木竹の伐採、水面の埋め立てなどの開発行為については、都道府県知事の許可がなければしてはならない。このように緑地保全地区に指定されると、その後、現状凍結的な土地利用規制が課せられるようになることから、地権者に対し行為制限に起因する損失の補償や、許可を受けることができなかった場合の地方公共団体等による土地買入れ制度が用意されている。

平成16年（2004年）3月末現在、特別緑地保全地区は全国で312地区、計約1,720haが指定されている。

③ 緑地保全地域

里地・里山など、都市近郊の比較的大規模な緑地において、比較的緩やかな行為の規制により、一定の土地利用との調和を図りながら保全する制度である。

都道府県は、①無秩序な市街化の防止または公害若しくは災害の防止のため適正に保全する必要があるもの、②地域住民の健全な生活環境を確保するため適正に保全する必要があるもの、いずれかの要件に当てはまる都市計画区域内の緑地を、都市計画に「緑地保全地域」として定めることができる。

④ 市民緑地制度

都市計画区域内の300㎡以上の土地で、所有者との契約に基づき、当該私有地を5年以上地域住民の利用に供する緑地とする制度である。現在、緑地でない土地であっても植樹等の行事を予定することで、市民緑地とすることができる。市民緑地の設置・管理には、地方自治体のほか、一定の緑地整備・管理能力を備えた公益法人であって、都道府県知事の指定したもの（「緑地管理機構」）が当たることもできる。

平成16年3月末現在、市民緑地の契約締結状況は、全国で109か所、74haである。

9-1-9 文化財保護法

　文化財保護法も、生物の多様性の確保に向け、積極的活用が期待される法律である。

　文化財というと、学術上・芸術上価値が高い遺跡、景勝地などがまず思い浮かべられるが、地域の自然環境に特有の動物群集や植物群落など特に貴重な動植物（生息地を含む場合もある）について指定される天然記念物（さらに重要なものは特別天然記念物）も、この文化財保護法によるものである。平成18年（2006年）4月現在、指定件数は972件である。カブトガニ繁殖地（岡山県）、御前崎のウミガメおよびその産卵地（静岡県）や、イリオモテヤマネコ、アホウドリ、シマフクロウなどの絶滅危惧種が、指定を受けている。

　天然記念物に指定されると、現状変更など天然記念物の保存に悪影響を及ぼす行為は、文化庁長官の許可が必要になる（法第125条）。文化庁長官は、天然記念物を保存するため、地域を定めて一定の行為を制限、禁止したり、必要な施設の設置を命じることができる（法第128条）。

　また、国の文化財保護法に準じ、全国ほとんどすべての地方自治体で、文化財保護条例が制定されている。国が指定する天然記念物以外で、当該地方自治体の区域内に存する貴重な動植物（生息地等を含む）が、これにより、県や市町村指定の天然記念物に指定されている。

　以上が文化財保護制度の概要であるが、問題もある。特に地方自治体の文化財保護行政にいえることであるが、指定に際して地域指定でなく種指定が選択される傾向がある。そのため種保存上の実効性が十分にあがらないケースがある。また、地域指定はされるものの、周辺環境が開発され、結果的にその生物の保全に失敗しているケースもある。指定種・指定地を確実に守るため、周辺の土地を含め、その種を中心とする生態系全体を保全していくことが必要である。

　また、天然記念物の指定種が二次的自然に生息・生育を依存する種の場合、現状凍結的措置は、植生遷移の結果、指定種を絶滅の危機に追いやることになる。種の生態に応じ、生育・生息地の適切な保全管理方法についても、十分に検討する必要がある。

9-1-10　環境影響評価法

　いったん失われた自然環境を取り戻すことは困難である。取り返しがつかない場合も多い。環境影響評価法（環境アセスメント法）は、環境への悪影響を未然に防止するための制度である。具体的には、大規模な開発を行う際に、事前にその事業が環境にどのような悪影響を及ぼすことになるのかなどについて、具体的に調査、予測、評価し、それを環境影響評価準備書というかたちで各方面に公表し、意見を聴き、環境保全の観点から事業計画の修正等を行うというものである。わが国では、平成9年6月に環境影響評価法が成立し、平成11年に全面施行された。

　環境影響評価法の対象は、表9-8の通りである。規模が大きく環境に著しい悪影響を及ぼすおそれがあり、かつ、国自らが実施するもの、あるいは許認可や補助金などの形で国も関与しているものが対象（第一種事業・第二種事業）となる。

　第一種事業は、環境アセスを必ず行わなければならない事業である。第一種事業の事業規模に満たないものでも、一定規模以上のもの（第二種事業）については、環境アセスの実施必要性が個別に判断され、必要と判定された場合、環境アセスが実施される（スクリーニング）。

　事業予定地域が希少野生生物の生息・生育地にかかるなど、特に重視しなければならない環境要素を早い段階で明らかにし、論点が絞られた予測評価を行うために、調査に先立ち、環境影響評価方法書の作成、公表が事業者に義務づけられている。調査法法書の作成については、市町村長や関係都道府県知事がこれに対し意見を述べるほか、意見を有する者なら誰でも意見書を提出することができる（スコーピング）。

　環境影響評価方法書の策定後、事業者はそれに基づき実際に調査を行い、その結果を踏まえ、事業実施に際して行う環境保全対策を記載したアセス準備書を次に公表する。これに対しても、市町村長や都道府県知事が意見を述べるほか、意見を有する者なら誰でも意見を言うことができる。事業者はこれらの意見を踏まえ、修正すべき点を修正し、環境影響評価書を作成する。

　国土交通大臣など許認可等を行うものは、環境影響評価書の内容に問題がある場合、許認可等を拒否したり、条件を付けることができる（法第33～37条）。

9 自然生態系を守るための法制度

表9-8 環境影響評価法の対象

	第一種事業	第二種事業
1　道路（大規模林道を含む。）		
高速自動車国道	すべて	——
首都高速道路等	すべて（4車線）	——
一般国道	4車線10km	7.5km以上10km未満
大規模林道	2車線20km	15km以上20km未満
2　河川（二級河川に係るダム、建設省所管以外の堰（工業用水堰、上水道用水堰、かんがい用水堰）を含む。ダムの規模要件は閣議アセスの200haから100haに引き下げ。）		
ダム	湛水面積100ha	75ha以上100ha未満
堰	湛水面積100ha	75ha以上100ha未満
湖沼水位調節施設	改変面積100ha	75ha以上100ha未満
放水路	改変面積100ha	75ha以上100ha未満
3　鉄道（普通鉄道、軌道（普通鉄道相当）を含む。）		
新幹線鉄道（規格新線含む）	すべて	——
普通鉄道	10km以上	7.5km以上10km未満
軌道（普通鉄道相当）	10km以上	7.5km以上10km未満
4　飛行場	滑走路長2,500m以上	1,875m以上2,500m未満
5　発電所		
水力発電所	出力3万kw以上	2.25万以上3万kw未満
火力発電所（地熱以外）	出力15万kw以上	11.25万以上15万kw未満
火力発電所（地熱）	出力1万kw以上	7,500以上1万kw未満
原子力発電所	すべて	——
6　廃棄物最終処分場	30ha以上	25ha以上30ha未満
7　公有水面の埋立て及び干拓	50ha超	40ha以上50ha以下
8　土地区画整理事業	100ha以上	75ha以上100ha未満
9　新住宅市街地開発事業	100ha以上	75ha以上100ha未満
10　工業団地造成事業	100ha以上	75ha以上100ha未満
11　新都市基盤整備事業	100ha以上	75ha以上100ha未満
12　流通業務団地造成事業	100ha以上	75ha以上100ha未満
13　宅地の造成の事業（「宅地」には、住宅地、工場用地が含まれる。）		
環境事業団	100ha以上	75ha以上100ha未満
住宅・都市整備公団	100ha以上	75ha以上100ha未満
地域振興整備公団	100ha以上	75ha以上100ha未満
○　港湾計画	埋立・掘込み面積300ha以上	

以上が国の環境アセスメント法の概要であるが、一方、地方自治体レベルにおいても独自の環境影響評価制度が整備されている。第二種事業であって、判定の結果、国のアセス法の対象にならなかった事業でも、地方自治体の制度で環境アセスを行うことができるという意味でも、これから地方自治体のアセス制度にかけられる期待は大きい。

　また、準備書や評価書で事業者が行う「評価」について、環境アセスメント法以前は事業者が設定した環境保全目標に照らして事業者の見解を明らかにすることが「評価」とされてきた。しかし環境アセスメント法が制定されている今日、「評価」は、環境基本計画など地方自治体のもつ地域の環境目標像との比較のなかで実施されることが要求される。この意味でも、環境への悪影響を未然に防止するというアセス制度を実りあるものにしていくうえで、国の役割とともに、地方自治体の役割は、非常に重要といえる。

9-1-11　河川法

　河川は、以前は、単に治水・利水の対象であった。しかし、河川に多様な野生生物の生息、生育環境を求める国民の要望などを背景に、それまでの治水、利水事業の進め方が反省され、主に生物多様性の確保の観点から、平成9年(1997年)に河川法、河川法施行令が改正された。改正の主な内容は次の通りである。

①河川管理の目的に、河川環境の整備と保全が加えられた（法第1条）。
②工事実施基本計画が、「河川整備基本方針」「河川整備計画」の二つからなる計画制度へと再編された。河川整備計画は、川づくりの姿を明らかにするとの趣旨で設けられたもので、今後20〜30年間の、ダムや堤防などに関する具体的な整備計画である。河川整備計画は、地方自治体や地域住民の意向を反映させて定めるとされている（法第16条、第16条の2）。
③堤防やダム貯水池周辺に樹林帯を設けることができるようになった（法第3条など）。河畔林は幅20m、ダム湖畔林は幅50mが目安とされている。
④野生動植物の生息地または生育地を保全する必要がある場所について、自動車やモトクロス用バイクの乗り入れ禁止区域を設けることができるようになった（河川法施行令第16条の4第1項第3号ロ）。

　この河川法の改正により、河川整備を行う際には、多自然型川づくりを基本とすることとなった。

　当事者意識をもつ地域住民が積極的に参加するなか、国や地方自治体において、河川法のこの改正の趣旨がしっかり生かされていく必要がある。

コラム10 NPO法と環境NGO（NPO）

　わが国においても長年待たれていた特定非営利活動促進法（NPO法）が平成10年に成立した。平成14年の改正を経て、これにより、非営利活動を行う環境保全、保健福祉、国際協力など17分野の団体が比較的容易に法人格を得ることができるようになった。同法の成立にともない、自然生態系保護・回復分野でのNGO（NPO）の役割が、今後一層期待される。

　環境NGOの役割としては、自然生態系を保護・回復していくための法律や条例を成立させ、自然生態系保護・回復への十分な予算を獲得するため、議会や議員に対し法整備の不備や不徹底の是正を働きかけることなどがある。行政に対しては、構想段階から政策の提言を行ったり、必要に応じ支援や業務の代行を行う。自然生態系の保護は、特定の人や団体の利益になるものではなく、また利益を貨幣換算して金額で示すことが難しい。企業はもちろん議員においてもその関心は当面の経済効果に向かいやすい。こうした状況のなか、環境NGOは、企業や市民に対してさまざまな情報提供や学校教育や社会教育を通じた自然保護教育、各種キャンペーンなどによる普及啓発活動を行い、社会の利益に貢献することができる（右図）。

　しかし、日本では、欧米諸国と比べNGOへの関心が低く、自然生態系の保護・回復活動のために金銭などの寄付をしたことのある人が非常に少ないのが現状である。このため、環境NGOによる自然生態系の保護・回復活動に制約が生じている。自然生態系の保護・回復は、今や世界レベルでの社会的合意事項であるにもかかわらず、現実には自然環境は総じて減少し、生活環境は悪化する一方である。その大きな原因は、自然生態系の保護・回復の世論を行政施策や法律・条例として具体化させるために、議会や行政、市民に働きかけるNGOが未成熟で、その機能が十分に生かされていないことにある。

(注) NGO という呼び方は、国連憲章に用いられ、国連の主役である政府に対し、民間の団体を指すのに使われた。NGO というとき、業界団体などが含まれる場合もあるが、国連では慣習的に営利団体を NGO には入れない場合が多い。一方、NPO（非営利団体）は、米国の法人制度や税制度などで用いられ、営利団体と区別するために使われている。本稿では、一般的な記述の箇所は NGO（NPO）と並記し、アメリカ国内事情の記述は NPO としている。

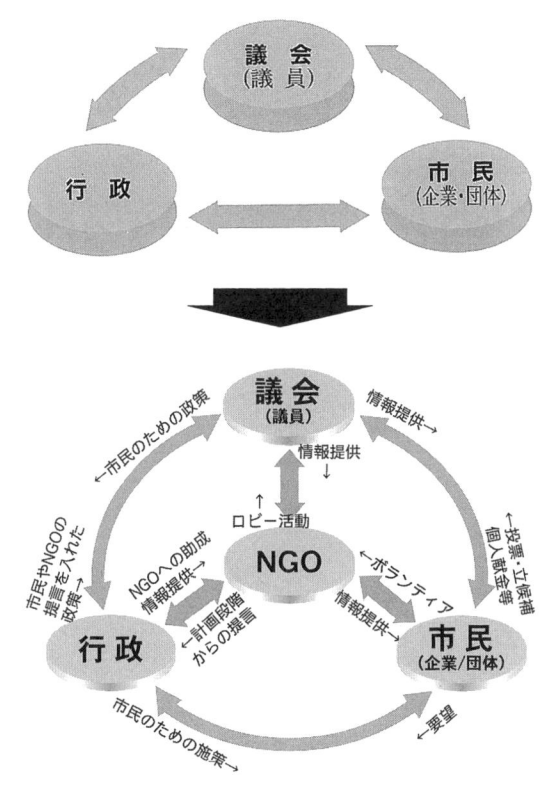

民主主義社会の本来あるべき四極構造

　現在の日本社会における、議会・行政・市民からなる三極構造では、目先の利益が優先され、自然生態系の保護・回復が後回しにされるという構造的な欠陥がある。自然生態系という公共の財産を守っていくには、NGO が議会・行政と並ぶ存在として大きな役割を担う必要がある。

一方、環境保護的側面を国として全体的に強化しつつあるアメリカをみると、こうした国の政策決定に環境NPOが大きな役割を果たしていることが分かる。時には全米キャンペーンをはり、時には強力に連邦議会議員に働きかけるなど、アメリカの環境NPOは活発に運動を展開している。

　そのアメリカの環境NPOについて語る場合、まず会員数が10万を超える大規模な団体がいくつもあることが注目される。1995年時点の数字であるが、例えば、1886年設立のナショナル・オーデュボン協会の会員数は57万人。1892年設立のシェラ・クラブは55万人。その他、ネイチャーコンサーバンシー82万人、全米野生生物連盟172万人（外部支持者を含めると400万人）、グリーンピース160万人（支持者）、原生自然保護協会27万5千人、世界自然保護基金アメリカ委員会120万人、などである。アメリカの10大環境NPOの会員数を合計すると、約800万人にも達する。会員数をこうして確認しただけでも、投票活動などを通じて彼らがいかに大きな政治力をもっているかが想像できる。

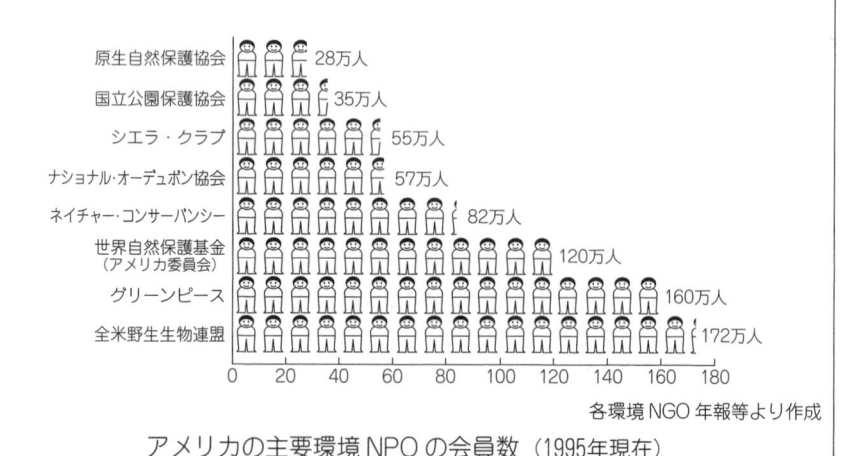

団体	会員数
原生自然保護協会	28万人
国立公園保護協会	35万人
シエラ・クラブ	55万人
ナショナル・オーデュボン協会	57万人
ネイチャー・コンサーバンシー	82万人
世界自然保護基金（アメリカ委員会）	120万人
グリーンピース	160万人
全米野生生物連盟	172万人

各環境NGO年報等より作成

アメリカの主要環境NPOの会員数（1995年現在）

9 自然生態系を守るための法制度

　アメリカでは環境NPOをはじめとする民間非営利セクター（業界団体や労働組合を除く）の数が、今も着実に伸び続けている。そして、「人権の尊重」「異文化の共存」などという普遍的価値観の形成に、植民地時代から中心的役割を果たしてきた「教会」にかわって、今日、自然保護等の新たな価値を掲げるNPOが、民間非営利セクターを代表しつつある（下図）。

　ボランティア労働等の実績を含めた国民所得に占める民間非営利セクターの割合は6.3%、労働者数も全米全労働者に占める割合は10.6%である（1994年）。民間非営利セクターは、国民経済的にもアメリカ社会で確固とした位置づけをもちつつ、政策提言等の活動を行っている。

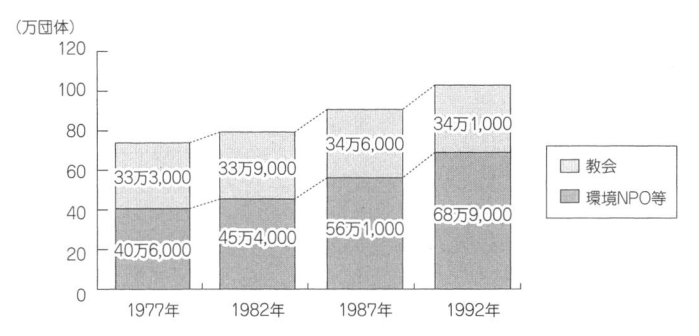

（万団体）

年	教会	環境NPO等
1977年	33万3,000	40万6,000
1982年	33万9,000	45万4,000
1987年	34万6,000	56万1,000
1992年	34万1,000	68万9,000

環境NPO等の団体数の伸び

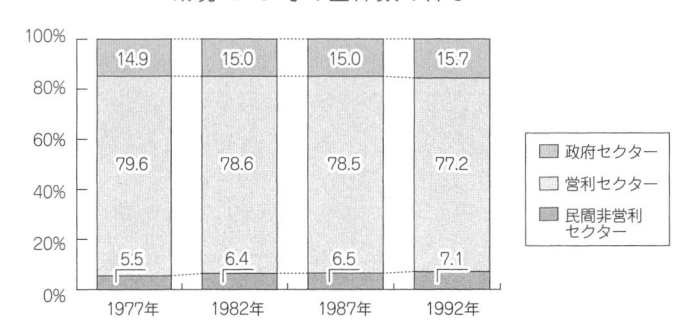

国民所得に占めるセクター間比率（ボランティア実績などを含む）

年	政府セクター	営利セクター	民間非営利セクター
1977年	14.9	79.6	5.5
1982年	15.0	78.6	6.4
1987年	15.0	78.5	6.5
1992年	15.7	77.2	7.1

Independent Sector 1996 より

9-2　生物の多様性保全に関する主な条約

9-2-1　生物多様性条約

　生物多様性条約は、特定の動植物種や生態系のタイプに焦点を当て、それを保護するというものではなく、地球上のすべての生物と生態系のタイプを保全することをうたった条約である。わが国は1993年5月に条約を受諾し、1993年12月に条約は発効した。

　生物多様性条約は、生物多様性保全と遺伝資源利用のあり方に関する基本的枠組みを示した条約であるが、具体的には、①生物多様性の保全、②その構成要素の持続可能な利用、③遺伝資源の利用から生ずる利益が遺伝資源の保有国・利用国間で公正かつ衡平に配分されること、の3つを目的として掲げている（第1条）。

　条約にいう「生物多様性」という用語については、条約第2条において、次のように定義されている。

> 「全ての生物（陸上生態系、海洋その他の水界生態系、これらが複合した生態系その他生息又は生育の場のいかんを問わない。）の間の変異性をいうものとし、種内の多様性、種間の多様性及び生態系の多様性を含む」

　生物多様性条約第6条に基づいて、1995年（平成7年）10月に、わが国の「生物多様性国家戦略」が策定された。2002年に、「新・生物多様性国家戦略」が策定された。国家戦略では、条約を実施するうえで必要となるわが国の基本方針、原生的自然地域だけではなく、都市、農村地域を含めたそれぞれの場での生物多様性保全のための施策の展開方向が示された。

　生物多様性国家戦略については、そこに示された基本方向に沿って、各省庁、地方自治体、国民、環境NGOそして事業者がそれぞれ行動していくことが必要とされる。と同時に、国家戦略に基づく各種施策の実施状況を、毎年、適切に点検し、それを確実に国家戦略の見直し（次の国家戦略の策定）につなげていくことも重要なことである。

9-2-2 ラムサール条約（特に水鳥の生息地として国際的に重要な湿地に関する条約）

　ラムサール条約は、1971年にイランのラムサールで採択された条約である。条約の目的は、湿地を生態的に必要とする動植物、特に国境を越えて渡る水鳥の保護を念頭に、湿地生態系全体を保全すること、またそれを賢明に利用すること（湿地という自然資源を持続可能なかたちで利用すること）である。1975年に発効し、日本は1980年に加入した。

　条約の対象となる「湿地」の範囲は広く、湿原、湖沼、河川、干潟、マングローブ林はもちろん、水田や人工湖もラムサール条約上の「湿地」とされる。

　締約国は、条約登録湿地かどうかにかかわらず、自国内のすべての湿地について、自然保護区にするなどして、湿地と水鳥の保全を図らなければならないとされている。ラムサール条約では、産業や地域の人々の生活とバランスのとれた保全を進めるために、湿地の「賢明な利用（ワイズユース）」を提唱している。賢明な利用とは、湿地の生態系を維持しつつそこから得られる恵みを持続的に活用することをいう。

　平成18年（2006年）3月現在、わが国は釧路湿原をはじめ33地域、計約13万haを登録している。

表9-9　日本におけるラムサール条約登録湿地

（平成18年3月現在）

登録湿地名	所在地	登録湿地名	所在地	登録湿地名	所在地
宮島沼	北海道	野付半島・野付湾	北海道	琵琶湖	滋賀県
雨竜沼湿原	北海道	仏沼	青森県	串本沿岸海域	和歌山県
サロベツ原野	北海道	伊豆沼・内沼	宮城県	中海	鳥取県
クッチャロ湖	北海道	蕪栗沼・周辺水田	宮城県	宍道湖	島根県
濤沸湖	北海道	尾瀬	福島県	秋吉台地下水系	山口県
ウトナイ湖	北海道	奥日光の湿原	栃木県	くじゅう坊ガツル・タデ原湿原	大分県
釧路湿原	北海道	谷津干潟	千葉県	藺牟田池	鹿児島県
厚岸湖・別寒辺牛湿原	北海道	佐潟	新潟県	屋久島永田浜	鹿児島県
霧多布湿原	北海道	片野鴨池	石川県	漫湖	沖縄県
阿寒湖	北海道	三方五湖	福井県	慶良間諸島海域	沖縄県
風蓮湖・春国岱	北海道	藤前干潟	愛知県	名蔵アンパル	沖縄県

（資料：環境省）

9-2-3　ワシントン条約（絶滅のおそれのある野生動植物の種の国際取引に関する条約）

　ワシントン条約とは、絶滅のおそれのある野生生物を保護するため、①死体を含むそれらの「個体」、②象牙など個体の「一部」、③ワニ皮のバッグのような「加工品」の国際取引を規制するための条約である。1975年に発効し、日本は1980年に加入した。

　取引規制対象種は、附属書（Ⅰ・Ⅱ・Ⅲ）に列挙されている。附属書Ⅰ掲載の野生生物（アジアゾウほか約800種）の商業的国際取引は禁止されている。

　附属書Ⅱ（カメレオンほか約3万3,000種）と附属書Ⅲ（国ごとに指定）の野生生物については、商業的国際取引が可能であるが、附属書Ⅱ、Ⅲそれぞれについて定められた条件を満たした輸出許可書等の提出が義務づけられている。

　ワシントン条約をより実効性あるものにするために、わが国は、附属書Ⅰ対象種を種の保存法（9-1-5）の国際希少野生動植物種に指定し、国内取引などの規制を行っている。

9-2-4　世界遺産条約（世界の文化遺産及び自然遺産の保護に関する条約）

　世界遺産条約は、世界的に価値ある文化遺産と自然遺産（絶滅のおそれのある動植物の生育・生息地を含む）を世界の遺産として認識し、それらを将来世代に残していくことを目的とする条約である。1975年に発効し、わが国は1992年に締約国となった。

　特に貴重な文化遺産・自然遺産は、国際連合教育科学文化機関（ユネスコ）の「世界遺産一覧表」に掲載される。日本の自然遺産については、平成17年（2005年）10月現在、屋久島、白神山地、知床が世界遺産一覧表に記載されている。

　世界遺産の保護管理は、主として各締約国の国内法で行われる。屋久島の場合は原生自然環境保全地域（自然環境保全法）、国立公園特別保護地区・特別地域（自然公園法）、特別天然記念物（文化財保護法）、林野庁の森林生態系保護地域など、白神山地の場合は自然環境保全地域特別地区・野生動植物保護地区、国定公園特別保護地区、森林生態系保護地域などである。

9-2-5　気候変動枠組条約（気候変動に関する国際連合枠組み条約）

　気候系（大気、水圏、生物圏、および岩石圏の全体ならびにそれらの間の相互作用）に対して危険な人為的干渉を及ぼすことにならない範囲において、大気中の温室効果ガス濃度を安定化することを究極の目標とした条約。1994年3月21日に条約は発効、わが国においても同日発効した。

　条約はまず、全締約国共通の約束として、温室効果ガスの排出量、吸収量の目録を作成し、温暖化対策の国別計画を策定し、実施することなどを求めている。

　さらに日本はじめ先進国に対しては、追加的約束として、CO_2などの温室効果ガスの人為的な排出量を2000年までに1990年の水準に戻すよう努めることを求めた。しかし、依然として多くの国で排出量は抑制されていない。わが国についても2004年度CO_2排出量は、1990年度に比べ12％以上増えている。

　1997年12月に京都で第3回締約国会議が開催され、2008年〜2012年の5年間で、1990年比で、日本6％、アメリカ7％、EU 8％の削減という内容の議定書が採択された。努力目標にとどまっていた条約から、法的拘束力のある議定書へと、温暖化防止へ向けての枠組みが改善され、その達成が強く求められている。

図9-2　地球温暖化防止京都会議
　155の締約国に加え、278のNGO等がオブザーバーとして参加した。展示やシンポジウムの開催から会議の進捗状況に応じた政策提言など、環境NGOの活動が注目を浴びた。

コラム11 ドイツの自然保護法

　ドイツ連邦自然保護法（正式には「自然保護及び景域保全に関する法律」）は、ドイツの生態系保護回復施策を理解するうえで、最も重要な法律である。河川整備をはじめ道路建設、農業基盤整備など各種開発事業は、この法律の成立を契機に、その在り方が大きく生態系保全型へとシフトした。
　連邦自然保護法の最大の特徴は、人間の居住域・非居住域を問わず、自然を保護の対象だけでなく、復元の対象としてもとらえている点にある。

ドイツ連邦自然保護法
2002年4月4日

第2条　自然保護及び景域保全の原則
(1)　自然保護及び景域保全の目標は、……特に次に掲げる原則を基準にして達成されなければならない。

4．自然の、又は自然に近い状態の河川などの水域及びその岸辺・自然の遊水域は、維持され、発展され、又は復元されなければならない。保護価値の高いビオトープの破壊又は後々にまで悪影響を及ぼすことになるおそれのある地下水位の変動は、回避されなければならない。回避できない悪影響は代償されなければならない。河川などの水域の改修は、可能な限り自然に近い状態で、実施されなければならない。

8．自然収支の生産力・機能を保障するために、生物多様性は維持され、発展されなければならない。それには生息空間及び生物群集における多様性並びに種及び種内の遺伝子レベルの多様性が含まれる。

9．野生の動物、植物及びその生物群集は、自然収支の一部として、自然的・歴史的に増してきた種多様性の形で、保護されなければならない。それらのビオトープその他生存条件は、保護され、保全され、発展、又は復元されなければならない。

10．人間の居住域においても、まだ現存している自然ストック、例えば、森林、ヘッジロウ（生け垣）、道路沿いの植生帯などの辺縁部ビオトープ、小川の流れ、池沼その他の生態学的に重要な小構造は、維持され、発展されなければならない。

11. 未建築地は、自然収支及び人間の保養の両方の点から重要であることから、個々のケースにおいてはそれぞれに必要な大きさと質で、維持されなければならない。もはや必要とされなくなったアスファルトやコンクリートなどの被覆地は、再自然化されなければならない。被覆をはがすことが不可能な場合、それを要求することが過大な場合、自然の発展にまかせるようにしなければならない。

(2) 連邦と州は、国際的な努力と自然保護と景域保全におけるヨーロッパ共同体の権利行使の実現を支援する。ナトゥーラ2000というヨーロッパ・エコロジカル・ネットワークの設立は、促進されなければならない。そのまとまりは保障されなければならず、また、ビオトープネットワークの保全と発展を通じて、改善されなければならない。共同体レベルで重要なビオトープ、特にナトゥーラ2000のネットワークに属する地域、共同体にとって重要な種、ヨーロッパの鳥類の保全状態は、モニタリングされなければならない。共同体にとって重要な地域、及びナトゥーラ2000のネットワーク内のヨーロッパの鳥類保護地域の特別な機能は、維持されなければならない。

第3条　ビオトープ結合
(1) 州は、州の面積の最低10％を含むかたちで、結合されたビオトープのネット（ビオトープ結合）を形成するものとする。ビオトープ結合は、州から州へと連邦全土にわたって、形成されなければならない。各州は、これについて相互に調整しなければならない。

第39条　種保護の責務
(1) 本章の規定は、野生の動植物種を、自然的・歴史的に増してきた多様性において保護することに寄与する。種保護には、次のことが含まれる。
1. 人間による悪影響から動植物及びその生物群集を保護すること、
2. 野生動植物種のビオトープを、保護、保全、発展、復元させ、またそれらのその他の生存条件を確保すること、
3. 駆逐された野生動植物種を、その自然分布域の範囲の適切なビオトープに［訳補：再び］定着させること。

持続可能な社会に向けて

10　国土計画による
　　自然生態系の保護・回復

持続可能な社会に向けて

10 国土計画による自然生態系の保護・回復

10-1 自然災害にも強い、生物多様性保全型の国土

　1995年1月、阪神淡路大震災が発生した。淀川河口部酉島(とりしま)地区では、コンクリートの堤防が1.8kmにわたり陥没・崩壊した。酉島は海抜ゼロメートル地帯であるが、堤防の際まで住宅が立ち並んでいる。洪水シーズンでなかったことが幸いしたが、洪水シーズンであれば堤防決壊という最悪の事態を招いていたかも知れない（図10-1）。

　河川後背地本来の自然立地とかけ離れた土地利用が許容されているのは、酉島だけではない。全国各地で同様の土地利用が行われている。わが国は戦後、河川氾濫区域への人口と資産の集中を回避するための積極的政策をとらずにきた。

　わが国の国土の861km²は満潮位以下にあり、そこにはおよそ200万人が住み、少なくとも54兆円の資産がある。地球温暖化の影響で海面が1m上昇した場合、この面積は2,339km²に広がり、対象人口と資産総額もそれぞれ410万人、109兆円に増大する。この海面上昇に対し、現在の安全水準を維持するための費用は、港湾施設に関連するものだけでも約12兆円に上ると推定されている。

　自然立地に逆らった土地利用は、自然災害の危険性を潜在的に高めるだけではなく、生物多様性の喪失をも招いた。例えばこの震災により至る所で地割れや陥没が発生した六甲アイランドやポートアイランドには、かつては藻場や干潟など豊かな沿岸生態系が広がっていたはずである。震災を契機に、液状化対策を考える前に、大規模埋立という自然立地とはかけ離れた開発行為そのものに目を向ける必要がある（図10-2）。

　阪神淡路大震災を契機に、自然災害を単に克服の対象としてだけでなく、人と自然との関わりの基本にまで遡って対応を検討する必要性が改めて指摘される。アメリカではすでに政府が土地を買い上げるなどして、洪水氾濫危険区域から人と資産を移転させ、自然立地と調和した国土を再構築し始めている。今後は自然立地とかけ離れた土地利用や開発行為をやめ、洪水氾濫危険区域など

は、①可能な限り、湿地、草地、樹林地などの自然状態のままで維持する、②人口と資産の一層の集中を抑制する。さらにまた、③場所によっては人工物を撤去し、自然に戻していくという考え方が重要である。

図10-1　海抜ゼロメートル地帯における堤防の崩壊（阪神淡路大震災）

図10-2　大規模に埋立造成された人工地盤の地割れ（阪神淡路大震災）

10-2　エコロジカルな国土政策

10-2-1　国レベルの生物多様性保全計画

　自然生態系の保護・回復の鍵は土地利用計画にある。土地利用計画を策定する段階で、多様な自然環境や健全な農地を体系的に保全・回復するというコンセプトをいかに反映させることができるかが今後ますます重要なこととなる。

　戦後、わが国では、地域の生態的な土地秩序を軽視し、多様な野生生物の存在を完全に無視した土地利用が行われてきた。経済的・社会的な意味での国土全体のネットワーク化という構想すなわち、地域間の交流・連携のために高速交通体系を整備することで国土の一体化を図るというこれまでの国土政策には、「自然環境もまたばらばらに存在するのではなく、エコロジカルなネットワーク網のなかにある」という考えに欠けていた。経済的・社会的ネットワーク網の整備により、相互につながりをもって存在していた国土全体の生態学的システムを分断され、自然環境の消滅縮小・島状化・質的低下が加速した。

　一方、これまで実施されてきた国レベルでの自然保護政策は、もっぱら限られた地域を対象に重要性の高い場所を特定し、そこを保護区に指定するというものであった。これに対し、「エコロジカルネットワーク」は、広域的な視野のもとに、コアエリアの保護・回復そしてこれらを相互につなぐことで、対象地域全体の生態系の質を改善していくという考え方である。保護区の規模や配置・つなぎ方に関しては、景域生態学や保全生態学等の基礎理論に基づくネットワーク理論が充実されつつある。

　エコロジカルネットワークは、開発等により分断、縮小、質的に低下した自然環境について再び面的広がりを確保するとともに、それらを相互につなぐという考えである。日本においても森林政策・農業政策などさまざまな分野の国レベルの政策に、今後この考えを積極的にとり入れていく必要がある。

　環境負荷増大型の国家運営から、「環境軸」を尊重した循環・共生型の国土形成へ転換していくことが世界の共通した課題となりつつある。つまり、生物多様性の保全・回復を目指し、エコロジカルネットワークの推進をわが国においても、最優先の課題とする必要がある。

10　国土計画による自然生態系の保護・回復

国土利用の現状とアジア太平洋エコロジカルネットワーク　コラム12

　わが国の国土利用は、平成15年で森林66.4％、農用地が12.8％、原野が0.7％、宅地4.8％となっている。この森林の多くは、スギ・ヒノキ・カラマツなどの針葉樹だけを植林した人工林によって占められており、自然度の最も高い「自然林」「自然草原」は国土の19％を占めているにすぎない。しかも、1980年代末から1990年代初めの約5年の間に、この約1％にあたる約93,600ha（自然草原5,400ha、自然林8万8,200ha）が消滅している。

　わが国の自然林には、亜寒帯性・高山性の針葉樹林、針葉樹と広葉樹の混交林、温帯性の落葉広葉樹林、温帯から亜熱帯の照葉樹林、暖帯から亜熱帯の照葉樹林まで多様なタイプが含まれており、多様な生物の生育・生息場所となっている。現在全国の自然林の内、約60％は北海道に集中的に分布しており、このほか東北および中部地方の山岳部および南西諸島にわずかに残されている程度である。

わが国の国土利用の推移

（単位：万ha）

	1975	1985	1995	2000	2003
農用地	576	549	513	491	482
森林	2,529	2,530	2,514	2,511	2,509
原野	43	31	26	27	26
道路	89	107	121	127	131
宅地	124	150	170	179	182

　日本列島は、アジアの東部に3,000kmにもわたり弧状につながる渡り鳥などの重要な移動ルートになっている。「日本鳥類目録 改訂第6版」によると、わが国で記録されている鳥類は542種であるが、そのうち国内で季節によって移動する鳥を含めると、わが国の鳥類の90％以上は渡り鳥である。つまり日本各地の自然はもちろん、世界各地の自然が、国境を越えて「環境軸（生態学的なつながり）」で相互に結ばれている。

残念ながら、自然環境の喪失や破壊などが原因で、これらの渡りを行う鳥類には絶滅の危機に瀕しているものも少なくない。例えば、福岡市博多湾にある和白干潟（80ha）は、シベリアで繁殖し、ニュージーランドなどで越冬する渡り鳥の中継地として知られる。しかし、和白干潟の沖合を埋め立て、約400haの人工島をつくる「アイランドシティ整備事業」や干潟上の道路建設計画もあり、その影響が日本だけでなく、ニュージーランドでも心配されている。

　鳥類が生存していくためには、森林、湖沼、干潟といった良好な自然生態系が、それぞれの鳥類の関係するすべての国で確保されている必要がある。わが国における自然生態系の保護・回復といった国土政策は、国内的な課題であると同時に国際的にも大変重要な課題である。国土計画を策定するにあたり、ここで述べた「環境軸」という考え方に基づき、自然生態系の保護・回復を積極的に進めていくことで、国内外の自然生態系をエコロジカルにネットワークさせていくことができる。

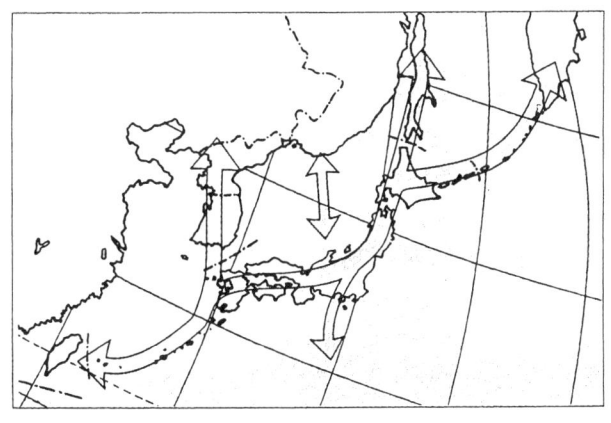

アジア太平洋エコロジカルネットワーク

アジア太平洋地域における鳥類の渡りルートにあたるわが国の自然環境は、国境を越えて相互につながっている。わが国の自然環境を保護・回復させる方向で国土計画が立てられ、実行に移されたならば、それは重要な国際的な貢献ともなる。

10-2-2　地方自治体レベルの生物多様性保全

　自然と共存したまちづくりは、自然環境の様々な価値を考えると（「3　自然の価値と役割について」参照）、自治体にとって最も重要な課題といえる。また、生態学的土地秩序に沿った形で、体系的に自然環境の保護・再生を行い、日本全体、さらに世界の生物多様性の保全に貢献するという視点が、自治体に求められている。

　このような社会的要請の高まりを反映し、平成18年（2006年）3月現在、ほぼ全ての都道府県で、また一部の市町村でも、地域版レッドデータブックが作成されている。

　国レベルで作成されたレッドデータブックは全国を基準にしたものであるため、地域レベルでの生物の生息・生育状況を十分に反映していない。例えばミズアオイという植物は、水田の減少や水路の改修、除草剤などの影響で近年激減状態にあり、神奈川県の県版レッドデータブックでは「絶滅種」とされている。しかし、国レベルのレッドデータブックではミズアオイは「絶滅危惧Ⅱ種」である。

　また近年、「野生生物のレッドリスト」だけでなく、原生林や里山・ため池など、多様な野生生物が生息・生育していながら、開発などのおそれが認められる自然環境そのものの現状をまとめた「ビオトープのレッドリスト」、さらに地域に意図的・非意図的に導入された外来種の生息・生育状況をまとめた「外来種リスト」も、一部の自治体で作成されている。

　さらにこれらのデータをもとに、条例を制定し、条例にもとづいて、地域で絶滅のおそれのある野生生物の保護、里地・里山などの二次的自然の保護・管理、侵略性が高い外来種の防除をはかる取り組みが広がりつつある（表10-1、表10-2）。

　国の法律にもとづく生物多様性保全施策は、全国レベルで重要な種や地域を対象としたものであり、地域の生物多様性保全を図るうえでは、十分ではない。こうした取り組みは、森、小川、池沼、水田、都市公園などの自治体内の環境の各構成要素に配慮したきめ細かいビオトープネットワーク（10-2-4）を促進し、野生生物の地域的絶滅を防止するとともに、日本全体の生物多様性、ひいては世界の生物多様性の保全という観点からも重要である。

10 国土計画による自然生態系の保護・回復

表10-1 都道府県レベルでの希少野生生物保護条例の制定状況
(平成18年3月31日現在 (財)日本生態系協会調べ)

自治体名	条例の名称
北海道	北海道希少野生動植物の保護に関する条例
岩手県	岩手県希少野生動植物の保護に関する条例
福島県	福島県希少野生動植物の保護に関する条例
埼玉県	埼玉県希少野生動植物の種の保護に関する条例
東京都	東京における自然の保護と回復に関する条例
石川県	ふるさと石川の環境を守り育てる条例
長野県	長野県希少野生動植物保護条例
岐阜県	岐阜県希少野生生物保護条例
三重県	三重県自然環境保全条例
滋賀県	ふるさと滋賀の野生動植物との共生に関する条例
鳥取県	鳥取県希少野生動植物の保護に関する条例
岡山県	岡山県希少野生動植物保護条例
広島県	広島県野生生物の種の保護に関する条例
山口県	山口県希少野生動植物種保護条例
徳島県	徳島県希少野生生物の保護及び継承に関する条例
香川県	香川県希少野生生物の保護に関する条例
高知県	高知県希少野生動植物保護条例
佐賀県	佐賀県環境の保全と創造に関する条例
熊本県	熊本県野生動植物の多様性の保全に関する条例
宮崎県	宮崎県野生動植物の保護に関する条例
鹿児島県	鹿児島県希少野生動植物の保護に関する条例

表10-2 市町村レベルでの希少野生生物保護条例の制定状況
(平成18年3月31日現在 (財)日本生態系協会調べ)

自治体名	条例の名称
栃木県那須塩原市	黒磯市希少な野生動植物の保護に関する条例 (※)
長野県白馬村	白馬村環境基本条例
岐阜県岐阜市	岐阜市自然環境の保全に関する条例
岡山県岡山市	岡山市環境保全条例
鹿児島県大和村	大和村における野生生物の保護に関する条例

※2005年の合併により市名が変更されたが、条例名は現段階では変更されていない。

10-2-3　土地確保のための手段

　自然生態系の保護・回復の基本は、土地の確保にある。その土地確保の方法としては主に、①民有地の買い上げ（借り上げ）、②公用制限の二つがある。
　「民有地の買い上げ」とは、国や地方自治体が、土地そのものを買い上げるあるいは借り上げることである。一方「公用制限」とは、重要な場所を保護地域に指定することである。保護地域に指定されると、多くの場合、当該地域内では開発行為が一定程度制限される。

①　民有地の買い上げ（借り上げ）

　国立・国定公園（自然公園法）、国設鳥獣保護地区（鳥獣保護法）および生息地等保護区（種の保存法）のなかの民有地を、都道府県が野生生物およびその生息地を保護するために買い上げる場合、国（環境庁サイド）が補助する制度により、平成16年度末までに、71地区8,078ha（事業費約150億円）が買い上げられている（平成17年度からは国定公園を除き、国による直接買い上げに移行）。過去5年間の実績は以下の通りである（表10-2）。特別緑地保全地区（都市緑地法、近郊緑地特別保全地区を含む）のなかの民有地を都道府県が買い上げる際、国（建設省サイド）による補助が行われており、平成11年度末までに計338haが買い上げられている。
　しかしながら公有地化の事例として最も多いのは、地方自治体だけの力で、土地を買い入れる事例である。例えば、盛岡市は岩手県の補助を受けてイヌワシの営巣地となっている私有林約80haを公有地化した（総事業費8,200万円）。この土地は国立、国定公園でも鳥獣保護区にも指定されていない土地であったことから注目を集めた。
　国や地方自治体が行うもののほかに、環境NGO等が土地を買い上げる方法もある。これをトラスト活動という。
　日本では、1964年の鎌倉市における財団法人鎌倉風致保存会の設立に始まり、74年からの和歌山県天神崎の運動や、それに続く北海道斜里町による知床100平方メートル運動という形で全国的な広がりをみせている。しかし、わが国は土地の価格が高いため、市民や企業からの寄付により集まった資金で広大な土地を買い取ることには限界がある。議会および行政において、公共財である自

10 国土計画による自然生態系の保護・回復

然環境を他の社会資本と同様ととらえ、十分な公有地化予算をつけ、生物多様性を確保するために積極的に土地を確保していく考えをもつ必要がある。

表10-2 特定民有地等買上補助事業実績一覧

(平成12～16年度)

年度	都道府県	公園	地区	公園計画等	面積(ha)	事業費(千円)
12	青森県	津軽(定)	コケヤチ湿原	特別地域	6.85	51,000
14	奈良県	吉野熊野	大台ケ原	特別保護地区	255.08	96,000
14	岡山県	大山隠岐	毛無山	特別保護地区	70.11	651,000
16	鹿児島県	霧島屋久	屋久島	特別保護地区	418.06	800,000

注）公園欄の(定)は国定公園、それ以外は国立公園をいう。

（国立公園協会編『自然公園の手びき2006』をもとに作成）

② 土地の公用制限

生物多様性保全を直接の目的とする、あるいは間接的にそれに資する保護地域制度が、わが国にも多くある。こうした保護地域は多くが地域制の保護区であり土地の所有権や管理権とは関係なく指定される（9-1-3参照）ため、民有地の割合が高い。

指定された地域では普通行為規制が行われる。その代わりに、日本の各種保護法には一般に「通損補償（通常生ずべき損失の補償：行為規制により現状変更の許可が得られない場合、地権者が被る損失の補償）」の規定が設けられている。国や地方自治体が現在抱える予算的な問題を考慮すると、公有地化だけでなく保護区を新たに指定したり、既存の指定地域の種別を見直し行為規制を強化することが、わが国の生物多様性保全上、きわめて重要なことと結論することができる。

しかし各地の自然公園にみられるように、たとえ地域指定されている場合でも、行為制限が強くかからない種類の地域指定に止まっている場合が非常に多い。わが国の法規制では、開発は自由で例外的に保護地域を指定し、開発規制を行っている。このため、基本的にはまず国全体を市街化調整区域のような開発制限区域とし、その上で必要に応じ開発をするという国土利用法に変えていくことが求められる。生物多様性が確保された持続可能な社会の構築に向け、憲法第29条第2項（「財産権の内容は、公共の福祉に適合するやうに、法律で

これを定める。」)および第3項(「私有財産は、正当な補償の下に、これを公共のために用ひることができる。」)の境界、すなわち生態系保護・回復のためになされる「土地の公用制限」と「損失補償」のあり方について、今日改めて国民的議論を行う必要がある。

10　国土計画による自然生態系の保護・回復

10-2-4　ビオトープネットワーク

　ビオトープネットワークを基礎にした生物多様性保全型の土地利用計画の策定が、各地で進められるようになってきた。ビオトープネットワークが生物多様性を確保する上で重要な考え方である理由は、主に次の二つである。
　第一に、一般に野生生物は種によって、生育、生息に必要なビオトープのタイプや規模が異なる。また多くの野生生物は、単独のビオトープの中だけで生活を完結しているわけではなく、採餌、休憩、繁殖などあるいは、一年、一生の生活史において、複数の異なるビオトープを必要とするからである。孤立して存在するビオトープは、いくつかのビオトープを生態上必要とする多くの種の生存を不可能にする。
　第二に、他集団との繁殖交流の必要性から、同じタイプの環境が繁殖交流できる範囲内に複数存在する必要があるからである。ある特定の空間を占め、生物群集の一部分として機能している同種の生物の集合体を個体群と呼び、その最小単位である局所個体群では、近隣個体どうしの遺伝子交流が頻繁に行われる。また個々の局所個体群の間でも低頻度で個体グループ間の遺伝子や個体交換が行われる。この局所個体群の相互作用が及ぶ範囲の集合をメタ個体群という。メタ個体群の存在は、打撃を受けた局所個体群を他の局所個体群からの移入により救うことができ、またその局所個体群が消滅した後に新たに局所個体群を興すことも可能にする。
　このように種を長期にわたり守っていくためには、個々のビオトープを確実に保護・回復するだけでなく、ネットワーク化（ビオトープネットワーク）することが重要である（図10-3）。
　ビオトープをネットワーク化し、生態系が循環する環境を取り戻すためには、現況ならびに潜在的動植物相について詳細な調査を行い、当該地域の種供給の実態と可能性をまず把握する必要がある。これらの調査を踏まえた上で、個々の種ごとに必要なビオトープの保護・回復・創出が系統的に展開させていくことになる。
　現況・潜在的動植物のすべてについて、個々の種がそれぞれ要求するビオトープのタイプ・面積・配置を明らかにし、それらを保護、回復することは非常に難しいが、以下の六つの原則を踏まえることで、生物の多様性を効果的に

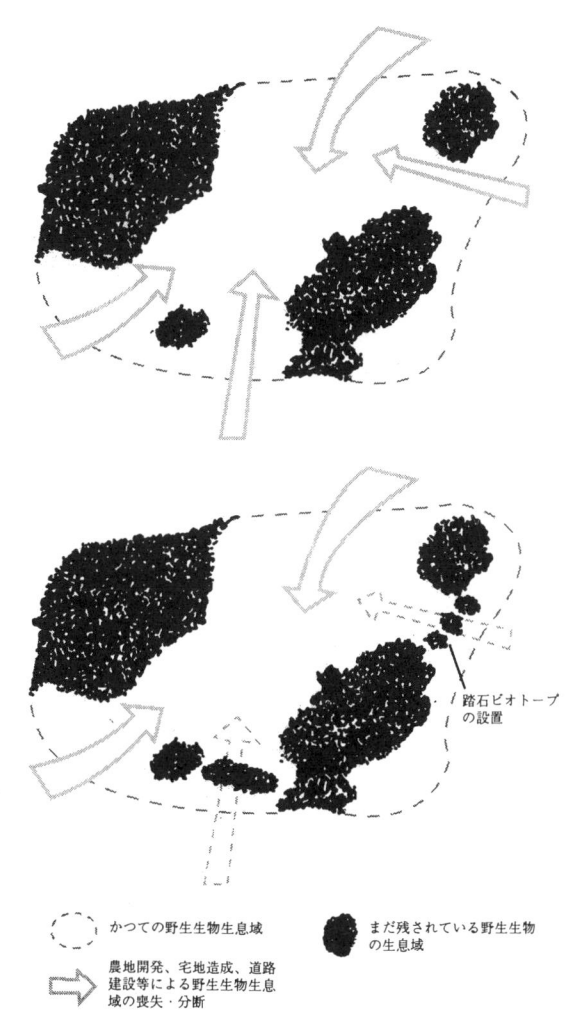

10 国土計画による自然生態系の保護・回復

```
‥‥‥ かつての野生生物生息域           ● まだ残されている野生生物
                                      の生息域
⇨ 農地開発、宅地造成、道路
  建設等による野生生物生息
  域の喪失・分断
```

図10-3　踏石ビオトープによるネットワーク化概念図

　農地開発、住宅整備、道路建設などによって自然環境が断片化し、相互に隔絶されて島状に点在するようになった状態（上図）。踏石ビオトープによって生息地間のネットワークがつくり出された状態（下図）。(Blab, J 1993 より改図)

確保することができる（Diamond、1975参照）。

A）生物生息空間はなるべく広い方が良い。
　▷タカ、フクロウやキツネ等の高次消費者が生活できる広さがひとつの目安になる。生物多様性に富み、安定性が増し、種の絶滅率が低くなる。
B）同面積なら分離した状態よりもひとつの方が良い。
　▷一塊の広い地域であってはじめて高い生存率が維持できる多くの種は、生息空間がいくつかの小面積に分割されると生存率が低くなる。
C）塊で確保できない場合には、分散させない方が良い。
　▷生物空間が接近することで、ひとつの生物空間で種が絶滅しても、近くの生物空間からの種の供給が容易になる。
D）線状に集合させるより、等間隔で集合させた方が良い。
　▷等間隔で配置されることで、どの生物空間も、ほかの生物空間との間での種の良好な交流が確保される。線状の配置は、両端に位置する生物空間の距離が長く、種の交流を難しくしてしまう。
E）不連続な生物空間は生態学的回廊（エコロジカル・コリドー）でつなげた方が良い。
　▷分断されている生物空間をコリドーによりつなぐことで、生物の移動が容易になる。コリドーの形態は野生生物種により異なる。
F）生物空間の形態は、丸い方が良い。
　▷外周の長さも小さくなり、外部から干渉が少なくてすむ。

この六つの原則をまとめると「高次消費者が生息可能な生物空間をより広い面積で、より円形に近い形で塊として確保し、それらを生態学的回廊で相互につなぐことが、生物多様性を確保する上で一般に最も効果的である」となる（図10-4）。

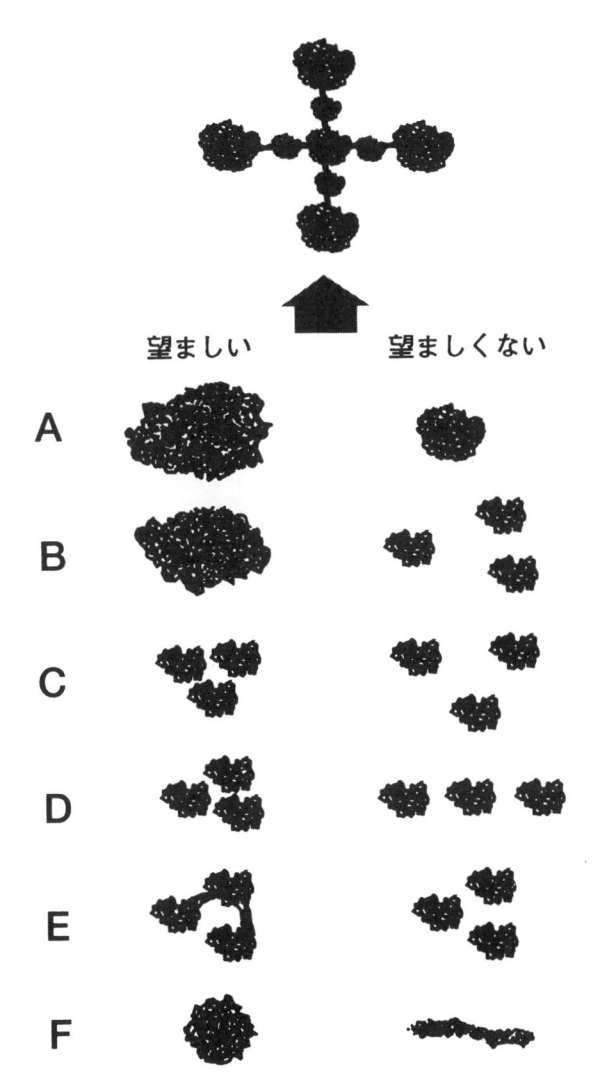

10 国土計画による自然生態系の保護・回復   155

望ましい　　　望ましくない

A

B

C

D

E

F

図10-4 自然環境を保護、回復に際しての規模・配置および形状に関する一般原則 (Diamond, M. 1975 より改図)

ヨーロッパのエコロジカルネットワーク　コラム13

　オランダは、国土の割には人口密度の高い国である。オランダの自然環境も、干拓など、さまざまな人間活動の影響によって以前から分断・島状化されてきたが、特に近年の道路建設等の交通基盤整備・集約農地の拡大によってこの傾向に拍車がかかり、多くの野生生物が現在絶滅の危機に瀕している。

　こうした事態に対応するため、オランダ政府は1990年に「国土エコロジカルネットワーク」構想を打ち出した。同ネットワーク構想は、①コアエリア（全国レベルで生態学的に重要な地域）、②自然環境改善エリア（改善措置を講じることにより、コアエリアと同等の生態学的価値を将来もち得る可能性をもった地域）、③エコロジカルコリドー（コアエリアや自然環境改善エリアをつなぐことによって野生生物の分散移動を容易にし、地域の生態的安定性を増すことに貢献する地域）という三つの要素から構成されている（口絵②参照）。オランダでは現在これらを地図上に具体的に示し、失われた生物多様性を回復するために、様々な施策が実行に移されている（参考：日本生態系協会訳『エコロジカル・ネットワーク』）。

　この構想を、ヨーロッパ大陸全土に広げたものが、「ヨーロッパエコロジカルネットワーク」であり、すでにEC（現EU：ヨーロッパ連合）理事会指令92/43/EECによって1992年に公的に承認されている（IEEP, 1991）。この構想を受け、オランダと隣接するベルギー（フランダース地域）においても、フランダース・エコロジカルネットワーク構想（「Green Main Structure for Flanders」）が打ち出されている。この計画では、フランダース全土の約39％（コアエリア28％、自然環境改善エリア38％、エコロジカルコリドー34％）を自然環境保護・回復地域に指定している。この構想を基に、現在それを具体化するための措置についての調整がなされている。エコロジカルネットワークは、今では東欧（リトアニア、エストニアなど）、アメリカ、コスタリカなどにおいても進められている。

10 国土計画による自然生態系の保護・回復

コアエリア
自然環境改善エリア
エコロジカルコリドー

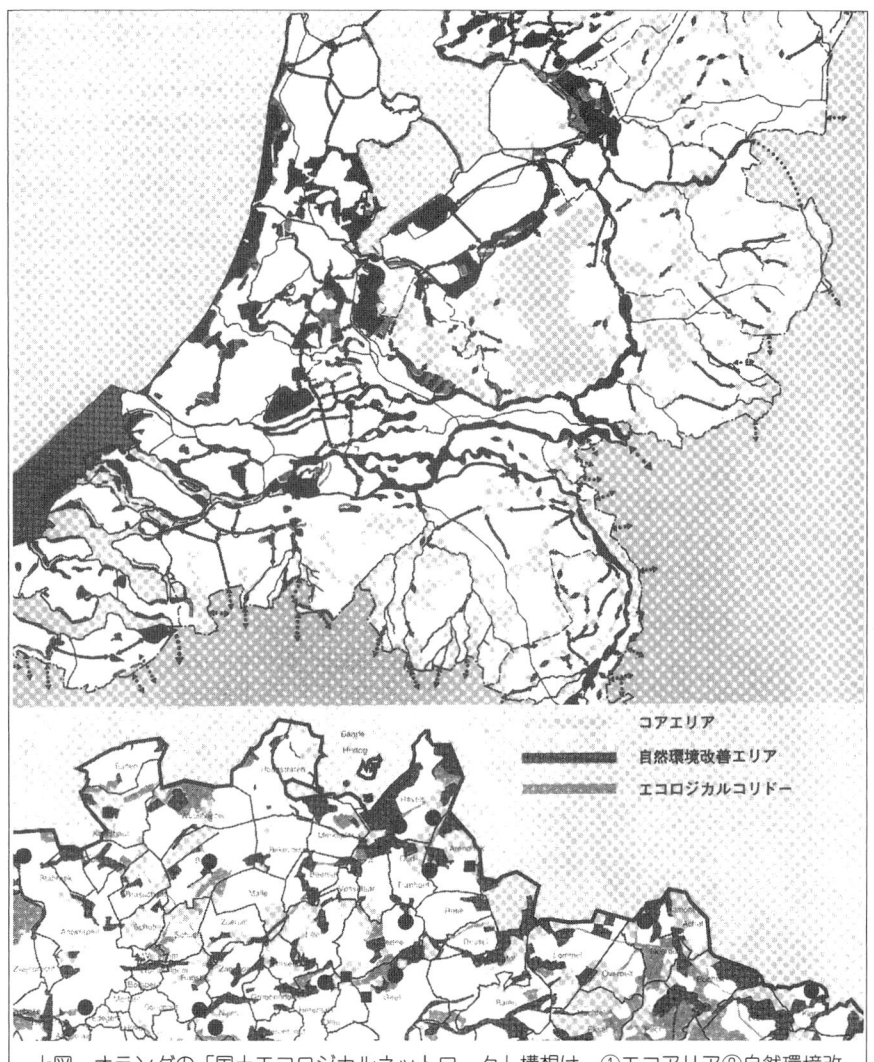

上図　オランダの「国土エコロジカルネットワーク」構想は、①エコアリア②自然環境改善エリア③エコロジカルコリドーといった三つの主要な構成要素からなる。オランダの南に位置するベルギーへ向けてもエコロジカルコリドーの矢印が延びている。

下図　オランダと隣接するベルギーのフランダース地域北西部におけるエコロジカルネットワーク構想図。

資　料

資料1　ベオグラード憲章とトビリシ宣言

　自然生態系を保護・回復するためには、行政、議員、事業者そして市民それぞれが、この問題の本質を理解し、対策を考え行動していくことが大切である。環境教育は、その動機づけに重要な役割を果たす。

　環境教育の目指すものは、人間の生活環境だけでなく、地球上すべての野生生物のことを考え、現代世代のことから将来世代のことまで視野に入れ行動できる人を増やしていくことにある。このことは「環境の保全に関する教育、学習の振興」は、環境基本法においても重要なこととして第25条にも独立した位置づけが与えられている。環境基本法が振興すべきとうたっている環境教育は幅が広く、学校での環境教育だけでなく、家庭、会社、その他公民館、博物館、町内会、ボーイスカウトなど地域社会で行われるさまざまな環境教育も含まれる。

　さて、現在世界各国で行われている環境教育の基本となっているのは、1975年に採択されたベオグラード憲章と1977年に採択されたトビリシ宣言である。ベオグラード憲章によれば、環境教育の目的は、単に自然への興味・関心や理科的な知識をもたせることではなく、市民として社会に働きかけていく能力を身につけることにあるとされる。そしてこの目的を達成するためのキーワードとしてベオグラード憲章は「関心・知識・態度・技能・評価能力・参加」の六つをあげた（下図）。

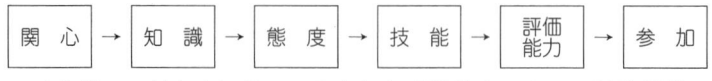

関心 → 知識 → 態度 → 技能 → 評価能力 → 参加

ベオグラード憲章において示された環境教育の六つの目的段階

「関心」とは、
　自然を知的および体験的に知ることで、特に低年齢児には、十分な自然体験をさせることが大切である。
「知識」とは、
　自然生態系の仕組みと人間による破壊の実態と原因を理解し、責任を自覚することである。
「態度」とは、
　自然生態系を守る活動の社会的な意義を知り、実際に参加・実践する意欲を身につけることである。
「技能」とは、
　行政・議会・マスコミ・市民・企業など社会の各層に、自然保護を効率的に働きかける技能を身につけることである。
「評価能力」とは、
　自然を守るための自らの行動を、客観的（生態学的・政治的・経済的・立法的・社会的・教育的・技術的・美的）に評価できる能力を身につけることである。
「参加」とは、
　生態系保護に関わる活動に積極的に参加するために責任感と緊張を高めることをいう。

　ベオグラード憲章の目的である「関心」を市民、特に子供たちに植えつけるには、何よりも直接体験が重要である。人と自然の触れ合いの場（野外活動の場）を保全し、提供することで、自然生態系の意義について十分に認識する議会をより多くもたせ、自然に対する感受性を養っていくことが大切である。
　個人レベルの学習目標を段階的に整理したベオグラード憲章を踏まえて、環境問題をより社会的にとらえ、そのための環境教育のあり方を提示したのがトビリシ宣言である。トビリシ宣言は、1977年に国際教育科学文化機関（UNESCO）および国連環境計画（UNEP）により開催された環境教育政府間会議で採択された。この会議で示された勧告の一部を次に引用する。

「環境教育は、国民すべての年齢層の、そして、すべての社会―職業グループの要求に応じるものでなければならない。環境教育は、それらの人々の日常の行動が環境の保護と改善に決定的影響をもつような若者、成人の非専門家および一般大衆に向けられなければならないし、また、その職業上の活動が環境の質に影響するような特定の社会集団に向けられなければならないし、そして、また、教育、訓練、環境の効率的な管理のための基礎とすべき知識の基礎となる専門的研究や仕事をしている科学者や研究者に向けられなければならない」

現在、欧米各国において、ベオグラード憲章およびトビリシ宣言に基づき各種環境プログラムがつくられ、実践に移されている。わが国においても、文部省の環境教育指導資料にベオグラード憲章が収録されるとともに、国としての環境教育の規範が示されている。

持続可能な社会を実現するうえで、環境教育が果たさなければならない役割は大きい。公園・緑地の整備に当たっては、整備後にそこで実施される環境教育プログラムを想定し、それを公園計画の初期段階に取り入れるなどの配慮が今後ますます必要とされる。市街地再開発や農業農村整備等でも同じことがいえる。これからの社会資本整備には、環境教育の場づくりという観点を導入する必要がある。

トビリシ宣言の12の基本原則

1. 環境をその全体において包括的に考えること（自然と人工、テクノロジー的な見方と社会的な見方、経済・政治・文化と歴史・道徳・美的な見方）。
2. 生涯継続する過程と考えること（幼稚園レベルからスタートして、その後の一生の学校及び学校外の全教育課程の中で）。
3. 個別学科を越えたアプローチを採用すること。各学科に適した環境教育内容にしながらなおかつ総合的でバランスのとれた理解が可能になるようにすること。
4. 主要な環境問題を各々、ローカル（地元地域）、リージョン（地方）、全国的、そして国際的な視点から学習する。
5. 歴史的な視野を考慮しながら、現在と潜在的な環境状況に焦点を当てる。
6. 環境問題の予防と解決のため、地域・国・国際レベルでの縦断的協力が必要であり、また大切であるということについて、学習を促進する。
7. 開発と成長の計画の中で明確に環境の視点を考慮する。
8. 生徒たちに彼らの学習経験のプラン作りをする場合に参加させ役割を与え決定のチャンスを与えると共に、自分の決定したことの結果を良くも悪くも受け入れさせる機会にする。
9. 環境に対する感受性・知識・問題解決技能・価値観を明確にすることをすべての年齢に適した形で教え、特に初期には生徒自身の地域社会に対する環境的感受性を強調すること。
10. 環境問題の徴候と真の原因を生徒たちが発見できるよう援助する。
11. 環境問題の複雑さを強調し、批判的な思考能力や問題解決の技能を開発する必要があることを教える。
12. 環境について教え、環境から学ぶという関係へのアプローチの方法として多様な学習手段と広範な教育方法とを利用する。特に実践的活動や直接参加する経験を強調する。

資料2 バイエルン州(ドイツ)における代償ミティゲーション方針

州の道路建設事業計画における
バイエルン州自然保護法第6条及び第6a条に基づく
代償・代替用地の面積の計算方法に関する原則

　内務省及び地域整備・環境省は、州の道路建設事業計画におけるバイエルン州自然保護法第6条及び第6a条に基づく代償・代替用地の面積の計算に関して、次に掲げる原則を採用することに合意した。

1993年6月
バイエルン州内務省
バイエルン州地域整備・環境省

はじめに

　道路建設をはじめ、自然とラントシャフトを侵害する全ての計画において、環境への悪影響を回避することは、自然保護法に基づき、必要なことである。また環境への悪影響が回避不可能な場合は、バイエルン州自然保護法第6a条に基づき、個々の具体的なケースに応じて、必要な代償・代替措置を行わなければならない。
　自然保護官庁は早期に、即ち、開発事業の計画段階に関与することができる。
　[しかし]代償・代替面積の計算に関して科学的に認知された方法は、今のところ存在していないし、期待することもほとんどできない、というのが現実である。とはいえ、簡単かつ均整のとれた評価を行う必要がある。
　[そこで当面は]代償・代替用地の計算方法に関して、次に掲げる原則と基準値を採用することとする。通常はこの基準値で十分であるが、特別な場合には、この基準値から離れることも必要なことであり、その場合には、計画決定手続きの中で、計画決定官庁が全ての利害を比較衡量した上で、それを決める。

原則1　ビオトープの直接的破壊

　道路（車道、中央分離帯、法面、防音壁等の道路構成要素）の建設によってビオトープは直接的に破壊される。この場合の代償・代替用地の計算方法は次の通り（B＝破壊されたビオトープの面積）。

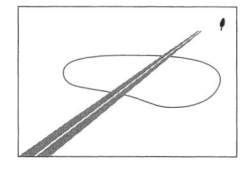

1.1　ビオトープ調査の基準を満たす、成立時間が短く再生可能なビオトープやビオトープとしての価値が高い農地の場合。　　　　　　　　　　　　　　　　→Bの1.0倍

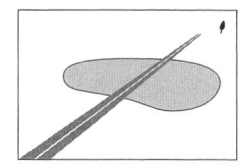

1.2　ビオトープ調査の基準を満たす、成立時間は長いが再生可能なビオトープ。成立時間・悪影響の程度等に応じて計算する。　　　　　　　　　　　　　→Bの1.1〜1.5倍

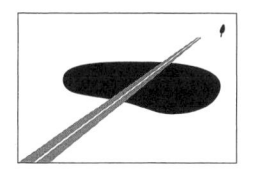

1.3　ビオトープ調査の基準を満たす、再生不可能なビオトープ。当該ビオトープの自然保護専門的な価値と悪影響の程度に応じて計算する。　　　　　　　→Bの2〜3倍
　　再生不可能なビオトープのリストは付属書を参照すること。

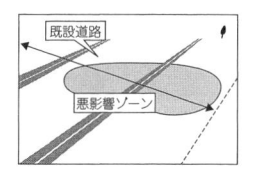

1.4　　原則5のケースに当たる既設道路の悪影響ゾーン内に、当該ビオトープが既にある場合は、1.1項〜1.3項に述べた倍数を、それぞれ0.5ポイント減ずる。

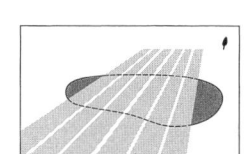

原則2　面積縮小によるビオトープとしての価値の喪失

　残された土地であっても、ビオトープとしての価値をほぼ失うまでに、直接的破壊によって面積が縮小する場合、悪影響の度合いに応じて、残された土地に対しても、代償又は代替措置が、原則1に基づいて、実施されねばならない。

原則3　集約的に利用されている農地・林地の舗装

3.1　畑や集約的に利用されている採草地の舗装（車道、駐車場等）に対する代償又は代替（V＝舗装された面積）。
→Vの0.3倍

3.2　原則1に含まれない林地の舗装。　　　　　→Vの1.0倍

3.3　生態学的に価値が高い立地環境（河畔の沼沢地、低層湿原等）における畑や集約的に利用されている採草地が舗装される場合、生態学的発展ポテンシャルが破壊されることに関して、3.1項で示された代償・代替用地面積を増やすことによって、考慮する必要がある。代償・代替面積の追加量は、道路建設が行われなかった場合におけるその土地の自然保護専門的重要性や立地環境に合った粗放的土地利用の復元可能性等を念頭に決められる。
　　代償・代替用地の最終的な面積は、それに応じて、Vの0.3倍から最高1.0倍までの間を、ケースによって変動する。

原則4　工事期間のみの一時的直接的悪影響

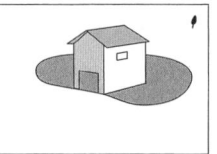

　工事の間だけ必要とされる土地（倉庫、工事敷地、乗り入れ道路、代用道路等）は元の状態に戻す等の措置が必要である。成立時間が長いビオトープや再生不可能なビオトープ（原則1.2と1.3を参照）の、一時的利用によって引き起こされる直接的な悪影響は、永続的に用意された追加的土地によってもまた、代償又は代替される。この追加された代償・代替地の面積は、悪影響の程度に応じて、

　　　　　成立時間が長いビオトープに対しては→Bの0.1～0.5倍
　　　　　再生不可能なビオトープに対しては　→Bの0.5～2.0倍

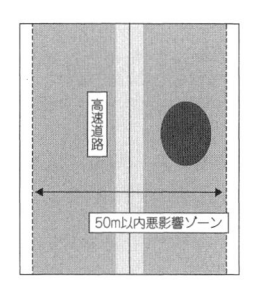

原則5　道路付近のビオトープへの間接的悪影響

5.1　ビオトープ調査の基準を満たす、道路付近で間接的悪影響（排気ガス、分断作用等）をこうむるビオトープに対しては、それが車道辺縁から次の距離内にある場合に限り、代償又は代替を別の場所で行わなければならない。その面積は悪影響を被るビオトープ面積の50％とする。

予想される交通量（車両台数／日）	悪影響ゾーン
500 ～ 2,000	10m以内
2,000 ～ 5,000	20m以内
5,000 ～ 10,000	30m以内
10,000以上	50m以内
高速道路	50m以内

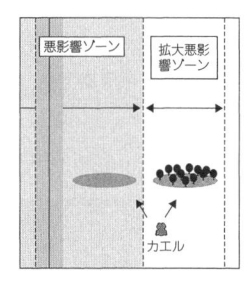

5.2　特殊な空間的状況（生物生息空間の相互関連等）によって、悪影響が上述の距離を超えて存在する場合（拡大悪影響ゾーン）、このビオトープの悪影響に対しても相当の代償又は代替を行うべきである。上述の距離内であっても局地的な状況（防音壁等）により、間接的な悪影響が減少する場合、代償又は代替措置が必要とされる範囲は狭くなる。

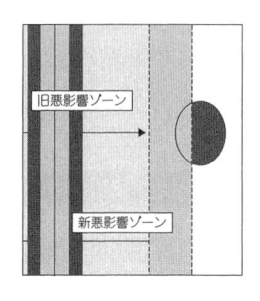

5.3　既設道路の改修の場合、それまで既設道路の悪影響ゾーン又は拡大悪影響ゾーンの外側に位置していたビオトープが悪影響を被る場合に限り、代償・代替措置を、この原則に基づいて、行う必要がある。

原則6　車道辺縁からの代償・代替用地の距離

6.1　ビオトープの復元、創出というかたちで代償・代替措置を実施するに当たっては、代償・代替用地の位置に関して、次のことに注意する必要がある。

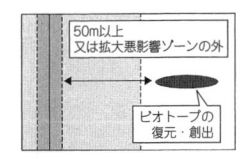

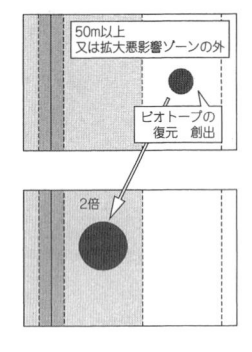

6.1.1 生物生息空間に特殊な生態的要求をもっている動物種のための措置に際しては、車道辺縁から50m以上離れた場所、又は拡大悪影響ゾーンの外側(原則5参照)の場所を選定すること。

6.1.2 一般的には、10m〜50mの悪影響ゾーンの外側または拡大悪影響ゾーンの外側の場所を選定すること。

6.2 例外的なケースとして、代償・代替措置が、悪影響ゾーン又は拡大悪影響ゾーン(原則5を参照)の内側で実施される場合に限り、低下させられる質は、代償・代替用地の面積を倍増することによって、補償されなければならない。その際の措置は、自然収支[訳注:生態系]の生産能力に有利なように、その生態学的機能を果たし得るように、道路から離れた場所で行われるべきである。

原則7　広い面積を生態的に要求する動物種や希少なビオトープ複合体を含む生物生息空間に対する悪影響

広い面積を生態的に要求する危機的状況にある動物種に対する悪影響の代償に当たって、それが必要である場合、またその限りにおいて、種類・位置・面積が生物生息空間に対するその動物種の生態的要求を満たすに足る代償用地又は代替用地が、[上述の原則に加えて]用意されねばならない。

原則8　ラントシャフト像に対する悪影響 [略]

原則9　代償・代替措置の二重機能 [略]

原則10　代償・代替措置の審査

ラントシャフト保全的付随計画に位置づけられている代償・代替措置が、秩序通りに実行されたかどうか、目標としていた代償・代替が達成されたかどうかについて、工事終了後、［内務省と地域整備・環境省は］共同で審査しなければならない。

原則11　その他の自然資源に対する悪影響

土壌、水、空気等の自然資源に関係する生態系能力への悪影響に対する代償又は代替は、以上の原則で、全て網羅されているわけではない。とりわけ水法、環境汚染防止法、土壌保護プログラムの要求には触れられていない。

原則１に対する付属書

再生不可能なビオトープは以下の通り。
- 中間湿原と高層湿原
- 低層湿原と敷藁草地
- 河岸の土地を含む自然の、又は近自然的な河川及び湖
- 近自然的な河畔沼沢地
- 乾性草地及び半乾性草地
- 高山以外のエノコログサ草地
- ビオトープ的価値が高い近自然的な森林
- 健全な順序でビオトープが連続するラントシャフト
- レッドデータブック記載の脊椎動物又は絶滅の危機に著しく瀕している無脊椎動物の弧島的生息が見られるビオトープ（このようなビオトープの場合　代償・代替用地に、こうした動物種が新たに移入定着する可能性はほとんどない）。

資料3　生物多様性国家戦略

　平成14年（2002年）3月、地球環境保全に関する関係閣僚会議において、「新・生物多様性国家戦略」が決定された。この国家戦略は、生物多様保全の観点から各省庁の関連施策を整理・体系化したうえで、今後この問題に取り組むに当たって必要な①生物多様性の保全及び持続可能な利用の理念と目標、②生物多様性の保全及び持続可能な利用の基本方針、③具体的施策の展開方向、を示したものである。

　国家戦略を踏まえ、生物多様性保全に向け、政府を中心に地方自治体、事業者、国民、環境NGOなどの民間団体それぞれが、共通の認識のもとに、積極的に行動していくことが求められている。

●国土空間における生物多様性のグランドデザイン［第2部第2章第2節より］

　国家戦略における「グランドデザイン」のイメージは、以下のようなものです。
　まず、国土空間における人間と自然の関係についての基本認識、基本方向として、次の3つを挙げます。
　第一、自然を優先すべき地域として奥山・脊梁山脈地域、人間、人間活動が優先する地域として都市地域があり、その中間に人間と自然の関係を新しい仕組みで調整されるべき領域として広大な里地里山・中間地域が広がっている。これは生物多様性保全のための基本認識であり、また、生物多様性回復のためのポテンシャルの認識でもある。
　第二、これまで生物多様性保全への寄与を必ずしも意図していなかった、道路、河川、海岸などの整備を、国土における緑や生物多様性の、縦軸・横軸のしっかりとしたネットワークと位置付け、奥山、里地里山、都市を結ぶ。
　第三、住民・市民が、自らの意志と価値観において生物多様性の保全・管理、再生・修復に参加し、生物多様性がもたらす豊かさを享受し、また、そうした行動を通じて新しいライフスタイルを確立する。

●都市における生物多様性の確保［第4部第1章第3節より］

○都市における生物多様性の確保の基本的な考え方
　都市地域において多様な生物の生息・生育環境となる緑地を確保していく手法としては、残されている民有の緑地について土地利用の規制を行い、緑地としての永続性を担保したり、都市公園として緑を保全・整備する、公共公益施設の緑化を行うなどの手法があります。（中略）さらにこれらの保全系の緑地に加えて、生物の生息・生育にとって、十分な面的広がりと有機的な繋がりが確保されるよう、都市公園を始めとした公共公益施設における緑の確保、民有地における緑化等により、緑の創出を図るなど、緑の保全・創出に係る関連緒施策の総合的な展開を図る必要があります。

○緑の基本計画
　「都市緑地保全法」(注：現「都市緑地法」)では、市町村が「緑地の保全及び緑化の推進に関する基本計画(緑の基本計画)」を策定することができるようになっています。(中略)緑の基本計画の対象となる施策は、都市公園等の整備、緑地保全地区の決定、公共公益施設の緑化、緑地協定の締結等、(中略)都市計画制度に係る施策から都市計画制度によらないソフト施策まで、都市における緑地の保全・創出について計画的に講ずべき施策を幅広く網羅しており、緑の基本計画は市町村が定める都市における緑の保全・創出に関する総合的な計画と言えます。

▶海外の類似参考事例
　カールスルーエ市の都市計画図(ドイツ、バーデン＝ヴュルデンベルク州)。ビオトープネットワークの視点から、「骨格を補完する緑の連絡網(既存の緑または今後整備が求められる緑)で、市域をくまなくカバーすることにより、樹林や小川といった市域のさまざまな自然的要素を有機的に結合させる計画(下図)。
　日本においても「緑の基本計画」の創設は、ビオトープネットワークの形成に向け大きな一歩を踏み出すものであり、今後の展開が大いに期待される。

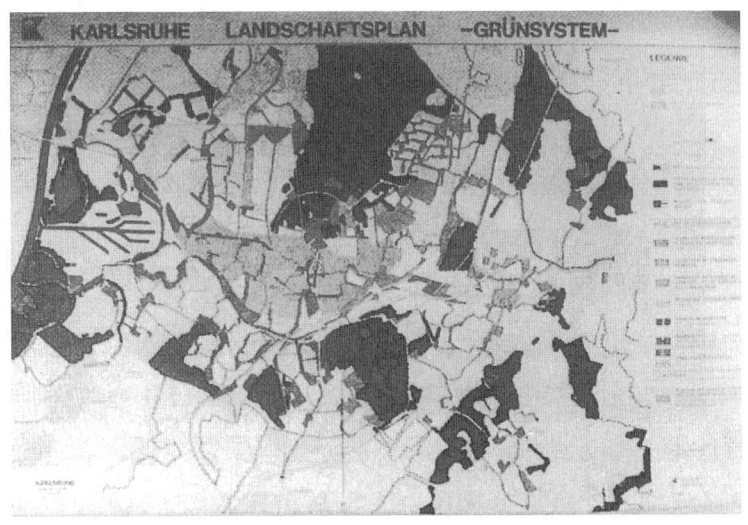

図　カールスルーエ市の景域計画図(緑地システム図)

●都市公園の整備［第4部第1章第3節より］

　都市公園は、(中略) 緑の量的な確保といった観点からも都市における緑の中核拠点をなすものであり、都市における貴重な永続性のある自然環境として重要な役割を果たしています。

〔多様な生物の生息・生育空間を形成する公園の整備、管理〕
　生物多様性の保全に資する緑豊かで自然に親しむことのできる環境の確保のため、公園の種別ごとに原則としてそれぞれ以下の緑化面積率の確保を図ります。また、公園が立地する地域、環境条件にふさわしい在来種、郷土産樹種の活用による植栽など、移入種問題も含め、緑化材料選択における適切な配慮を行い、多様な動植物が生息・生育できる環境条件が整備、保全されるよう配慮しながら公園の整備、管理を推進します。
・住区基幹公園及び都市基幹公園50％以上（ただし街区公園及び運動公園にあっては30％以上）／・緩衝緑地及び緑道70％以上／・都市緑地80％以上／・墓園60％以上

▶海外の類似参考事例

ロンドン市内にあるスティーブヒル・エコロジーパーク（イギリス）
　林地、低木地、草地、湿地の4タイプの環境がモザイク状に配置され、いろいろな種類の野生生物の生息を可能にしている。環境教育の場として利用に訪れる学校が多い。将来的には在来種のナラの森にしていくことが予定されている。

カールスルーエ市内の都市公園（ドイツ）
公園の一画を野生生物の専用空間にしている。

　わが国においても、生態系の保全を重視した都市公園が各地で徐々に整備されつつある。都市公園については、都市林の整備も含め、こうした自然環境保全・再生型都市公園を優先的に整備する必要がある。また、既存の都市公園の生態学的再整備も重要である。さらに現在ほとんど行われていない整備後の生物モニタリング調査についても、定期的に行い、調査結果を公園のあり方に生かしていく必要がある。

●農村地域における生物多様性保全

○基本的な考え方［第4部第1章第2節より］
　わが国の農村においては、水田等の農地のほか、二次的自然である雑木林、用水路、ため池、水田のあぜといった多様な生物の生息環境が有機的に連携し、多くの生物相が育まれ、多様性に富んだ生態系が形成されるとともに、良好な景観を形成してきました。（中略）農業生産活動やその他の人の活動と自然との調和を進めるとともに、多様な主体の参加も得て、過去に失われた自然及び関連する生態系を積極的に取り戻すことなどにより、農村において自然と共生する社会の実現を進めることが大切です。

○具体的な施策［第3部第2章第2節より］
　農村地域の環境保全に関するマスタープランを策定し、ため池の保全、生態系に配慮した水路の整備、水辺や樹林地の創出等、農業農村整備事業等により多様な野生生物が生息できる環境との調和への配慮に努めます。里山林では、身近な里山林等が持続的に利用・整備されるよう、市民の参画を得た森林整備等に対する助成を行うほか、森林の維持管理の育て親を都市住民等から募集し、森林所有者と都市住民等が連携・協力して保全・利用する体制を推進します。

▶海外の類似参考事例
　バイエルン州（ドイツ）の農地（農村）整備計画図（p.175上図）。草地、樹林地、水辺など事業対象地内にある自然的要素の状況について事前に調査し（環境アセスメント）、ほ場面積を拡大したり、農道を整備する際、生物の生息地として価値が高い自然的要素は可能な限り現状維持するかたちで進められる。さらに野生生物の多様性を維持・回復するために、もともと農地だったところを再自然化する、ヘッジロウ（列状の低木等）や帯状の野草地を農道沿いに新たに設ける、小川沿いに草地保護ゾーンを新たに設ける、などのことが検討される。農地整備を地域全体の生物多様性回復のチャンスと捉え、欠けていたビオトープをこの機会に補充するなど、ビオトープネットワークの充実に力が入れられている。
　日本においても生物相の貧化を招いてきた農業基盤整備事業を、生物相維持・回復型に変える必要がある（参考：日本生態系協会『ビオトープネットワークⅡ』）。

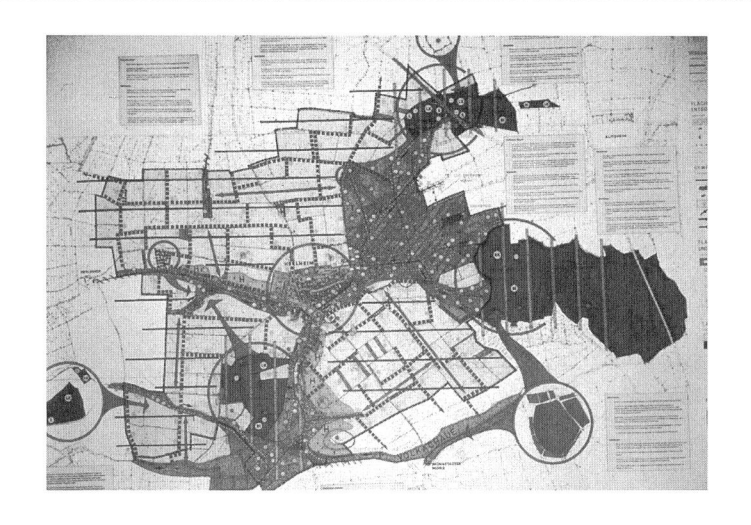

バイエルン州における農地（農村）整備計画図
農業農村整備事業にビオトープネットワークの考えが取り入れられている。

農道沿いに新たに設けられた帯状の野草地

●道路整備における生物多様性の保全への配慮［第4部第1章第3節より］

　道路の整備においては、生物多様性の保全のほか、良好な景観の形成、二酸化炭素の吸収等に資することから、樹木による道路のり面、植樹帯、中央分離帯等の緑化を積極的に進めます。さらに、道路のり面、インターチェンジ等のオープンスペースを活用し、多様な生物の生息・生育空間（ビオトープ）を積極的に創出するとともに、河川空間や公園空間等と一体となってビオトープネットワークの構築を図ります。
　また、ルートの選定や構造形式の採用において自然環境の保全に配慮するとともに、動物と車の接触事故を防ぐための施設を設置するなど、生態系に配慮する「エコロード」の取り組みを進めます。

［エコロードの取り組み］
　道路事業の実施に当たっては、道路の計画・設計という初期の段階で自然環境に関する詳細な調査を行い、できるかぎり豊かな自然と共生しうるようなルートを選定するとともに、地形・植生等の大きな変化を避けるための構造形式の採用、動物が道路を横断することによる車との接触事故を防ぐための侵入防止柵や動物用の横断構造物の設置、道路整備によって改変される生息環境を復元するための代替の環境整備など、生態系に配慮した取組を進めています。これがエコロードです。

▶海外の類似参考事例

　石油の可採年数はあと41年。近い将来、利用できなくなることが予測される。20世紀は自動車の世紀であったが、21世紀においては、超長期的視点から、自動車を前提にした社会というものを再検討する必要がある。
　自動車交通は、膨大な社会的費用（外部不経済）を発生させているが、それは利用者・受益者負担ではない。外部不経済のひとつとして、道路建設は事業地の自然的環境に悪影響を与えている。自動車道路を建設せざるを得ない場合には、できるだけ自然環境に悪影響が出ないようにするとともに、エコロジカルな観点からバランスをとるために十分な面積の代償用地を確保するなど、道路建設のコンセプトを根本的に変える必要がある。

ミュンヘン―デッゲンドルフ間を走る高速道路92号線（ドイツ・バイエルン州）

高速道路建設における生態学的補償措置として復元された湿地

ダイシャクシギ、アカアシシギなどバイエルン州自然保護法で指定されたレッドリスト鳥類が生息する湿地を、社会的経済的理由から横切らざるをえなかった。生態学的補償措置として、約44haの土地を別途確保し、ビオトープとして道路局が整備し管理し続けている。

参考文献一覧

- 青木淳一『自然の診断役　土ダニ』　日本放送出版協会　1983
- 阿部泰隆、淡路剛久編『環境法』　有斐閣　1995
- 石井実・植田邦彦・重松敏則『里山の自然をまもる』　築地書館　1995
- 磯崎博司『国際環境法』　信山社　2000
- 井上孝夫『白神山地の入山規制を考える』　緑風出版　1997
- 岩槻邦男『文明が育てた植物たち』　東京大学出版会　1997
- 上平恒『水とは何か　―ミクロに見たそのふるまい』　講談社　1977
- 宇田川武俊「水稲栽培における投入エネルギーの推定」、『環境情報科学』vol. 5 (2)　1976
- 内島善兵衛『地球温暖化とその影響』　裳華房　1996
- ウィルソンE．（大貫昌子・牧野俊一訳）『生命の多様性Ⅱ』　岩波書店　1995
- 大熊孝『洪水と治水の河川史　―水害の制圧から受容へ』　平凡社　1988
- 大場信義『ホタルのコミュニケーション』　東海大学出版会　1986
- オダムE．（三島次郎訳）『基礎生態学』　培風館　1991
- 上岡直見『クルマの不経済学』　北斗出版　1996
- 環境庁『猛禽類保護の進め方　―特にイヌワシ、クマタカ、オオタカについて―』　1996
- 環境省環境管理局水環境部『平成14年度土壌汚染調査・対策事例及び対応状況に関する調査結果の概要』（平成17年１月）
- 鬼頭秀一『自然保護を問いなおす』　筑摩書房　1997
- 木村眞人編『土壌圏と地球環境問題』　名古屋大学出版会　1997
- クーポウィッツH．・ケイH．（大場秀章訳）『植物が消える日』　八坂書房　1993
- 小島覚『地球・人類・その未来　自然保護への道標』　森下出版　1990
- 小山鐵夫『花と緑を求めて　21世紀植物産業立国の構図』　東急エージェンシー　1987
- 小山雄生『土の危機』　読売新聞社　1990
- 埼玉県『改訂　埼玉県レッドデータブック動物編2002』　2002
- 埼玉県『改訂　埼玉県レッドデータブック植物編2005』　2005
- 埼玉県生態系保護協会『ビオトープ　緑の都市革命』　ぎょうせい　1990
- 斎藤哲瑯『子供たちの自然体験・生活体験等に関する調査』　2000
- 酒泉満（長田芳和、細谷和海編）「淡水魚地方個体群の遺伝的特性と系統保存」、『日本の希少淡水魚の現状と系統保存　―よみがえれ日本産淡水魚―』　緑書房　1997
- 坂口洋一『地球環境保護の法戦略　増補版』　青木書店　1997
- 坂口洋一『生物多様性の保全と復元』　上智大学出版　2005

●桜井善雄『水辺の環境学 ―生き物との共存』 新日本出版社 1991
●桜井善雄『続・水辺の環境学 ―再生への道をさぐる』 1994
●桜井善雄『生きものの水辺 ―水辺の環境学3』 新日本出版社 1998
●静岡県『静岡県レッドデータブック 2004』 2004
●杉山恵一・進士五十八編『自然環境復元の技術』 朝倉書店 1992
●世界資源研究所・国際自然保護連合・国連環境計画（佐藤大七郎監訳）『生物の多様性保全戦略』 中央法規 1993
●高橋敬雄編『水情報』 vol. 18(1) 1998
●高橋裕「川の風景」、『環境管理』 vol. 33(1) 1997
●高橋裕ほか編『水の百科事典』 丸善 1997
●高橋史樹『対立的防除から調和的防除へ ―その可能性を探る』 農山漁村文化協会 1989
●只木良也『森林環境科学』 朝倉書店 1996
●橘川次郎『なぜたくさんの生物がいるのか』 岩波書店 1995
●電源開発株式会社『鬼首地熱発電所』
●堂本暁子『生物多様性』 岩波書店 1997
●内閣府『自然の保護と利用に関する世論調査』 内閣府大臣官房政府広報室 2001
●成田健一他『新宿御苑におけるクールアイランドと冷気のにじみ出し現象』 地理学評論77―6 2004
●日本イヌワシ研究会『ニホンイヌワシの行動圏（1980－86）』 日本イヌワシ研究会誌 第5号 1987
●日本生態系協会『ビオトープネットワーク』 ぎょうせい 1994
●日本生態系協会『学校ビオトープマニュアル』 1995
●日本生態系協会『ビオトープネットワークⅡ』 ぎょうせい 1995
●日本生態系協会『ドイツの水法と自然保護』 1996
●日本生態系協会『日本を救う「最後の選択」』 情報センター出版局 1996
●日本生態系協会『学校ビオトープ 考え方 つくり方 使い方』 講談社 2000
●日本生態系協会『学校ビオトープ つくりかた図鑑』 汐文社 2000
●日本生態系協会『環境教育がわかる事典』 柏書房 2001
●日本生態系協会『環境アセスメントはヘップ（HEP）でいきる』 ぎょうせい 2004
●日本生態系協会『改訂版 環境の時代を迎える世界の農業』 2004
●野口俊邦『森と人と環境』 新日本出版社 1997
●林秀剛・宇和紘・沖野外輝男編『川と湖と生き物 ―多様性と相互作用―』 信濃毎日新聞社 1992
●日鷹一雅・中筋房夫（中筋房夫編）『昆虫学セミナー別巻 自然・有機農法と害虫』

冬樹社　1990
- 藤巻宏・鵜飼保雄『世界を変えた作物』　培風館　1985
- ブラウンR．（澤村宏勘訳監訳）『地球白書1995－96』　ダイヤモンド社　1995
- プリマックB．・小堀洋美『保全生物学のすすめ』　文一総合出版　1997
- 本位田暢子「都市の相続税を考える」、『ナショナルトラストジャーナル』　第8号　1996
- 前橋営林局『オオタカ等の保護と人工林施行等との共生に関する調査研究』　1997
- 前田正男・松尾嘉郎『図解土壌の基礎知識』　農山漁村文化協会　1974
- 松井健・岡崎正規編『環境土壌学　─人間の環境としての土壌学』　朝倉書店　1993
- 三島次郎『トマトはなぜ赤い』　東洋館出版社　1992
- 陽捷行「農業と地球環境」、『基金月報』　2月号　1993
- 村野健太郎『酸性雨と酸性霧』　裳華房　1993
- 守山弘『自然を守るとはどういうことか』　農山漁村文化協会　1995
- 守山弘『むらの自然をいかす』　岩波書店　1997
- 文部科学省生涯学習審議会『生活体験・自然体験が日本の子どもの心をはぐくむ』　2001
- 安田喜憲『森林の荒廃と文明の盛衰』　思索社　1988
- 安田喜憲『文明は緑を食べる』　読売新聞社　1990
- 養父志乃夫『ビオトープ再生技術入門　ビオトープ管理士へのいざない』　農文協　2006
- 山村恒年『自然保護の法と戦略』　有斐閣　1994
- 山本良一『地球を救うエコマテリアル革命』　徳間書店　1995
- リードW．・ミラーK．（藤倉良編訳）『生物の保護はなぜ必要か』　ダイヤモンド社　1994
- 鷲谷いづみ・森本信生『日本の帰化生物』　保育社　1993
- 鷲谷いづみ・矢原徹一『保全生態学入門』　文一総合出版　1996
- Blab, J. "Grundlagen des Biotopschutzes für Tiere, 4," Auflage Kilda-Verlag. 1993：ブラーブJ．（青木進ほか訳）『ビオトープの基礎知識』日本生態系協会　1997
- Diamond, M. The island dilemma: Lessons of modern biogeographic studies for the design of natural reserves, Biological Conservation, Vol. 7. 1975
- Food and Agriculture Organization of the United Nations "World Soil Charter." 1982
- Heydemann, B. Zur Frage der Flächengröße von Biotopbeständen für den Arten-und Ökosystemschutz. Jb. Natursch. Landschaftspfl. 31. 1981
- Independent Sector "Nonprofit Almanac 1996-1997", Jossey-Bass Publishers. 1996

- Institute for European Environmental Policy: Towards a European Ecological Network. 1991: ヨーロッパ環境政策研究所 (日本生態系協会訳)『エコロジカルネットワーク 環境軸は国境を越えて』日本生態系協会 1995
- Jedicke, E. "Biotopverbund" Ulmer. 1994
- Marland, G., Boden, T., Andres, R. J. and Johnston, C. "Estimates of Global, Regional, and National Annual CO_2-Emissions from Fossil-Fuel Burning, Hydraulic Cement Production, and Gas Flaring: 1751-1995," Oak Ridge National Laboratory, Electronic Database. 1998
- Marland, G., T. A. Boden, and R. J. Andres. 2005.『Global, Regional, and National CO_2 Emissions. In Trends: A Compendium of Data on Global Change.』Carbon Dioxide Information Analysis Center, Oak Ridge National Laboratory, U. S. Department of Energy, Oak Ridge, Tenn., U. S. A.
- Miller, T. "Environmental Science," Wadsworth Publishing Company. 1997
- Noss, F. "Indicators for Monitoring Biodiversity: A Hierarchical Approach," Conservation Biology. Vol. 4(4). 1990
- Paelinckx, D., Vannijlen, G. and Kuijken, E. "Land Use in the Green Main Structure of Flanders," Institute for Nature Conservation Belgium. 1995
- Raven, P. Berg, L. and Johnson, G. "Environment," Saunders College Publishing. 1993
- Riess, W. Konzepte zum Biotopverbund im Artn-und Biotopschutzprogramm Bayern, Laufener Seminarbeitr, 10, 1986
- UNEP "Global Biodiversity Assessment." Cambridge. 1995
- USGS U. S. Department of the Interior "MINERAL COMMODITY SUMMARIES 2006" 2006
- Wackernagel, M. and Rees, W. "Our Ecological Footprint: Reducing Human Impact on the Earth," New Society Publishers. 1995
- Wackernagel, M and Rees, W. "Our Ecological Footprint: Reducing Human Impact on the Earth," New Society Publishers. 1995：和田喜彦 池田真里『エコロジカル・フットプリント 地球環境持続のための実践プランニング・ツール』合同出版 2004
- World Resource Institute "World Resources 1994-95," Oxford University Press. 1994

(財)日本生態系協会は、自然と共存する美しいくにづくり、まちづくりを目指すシンクタンクです。アメリカとドイツに事務所をおき、世界各国の行政やNGOなどと情報の交換をしながら、日本や地域の持続する将来のあり方について、市民や議会、行政の方々へのさまざまな提案を行っています。**グランドデザイン総合研究所**による新時代のくにづくり、まちづくり、法律や条例づくり、世界から注目されるツーリズムのあり方。**生態系研究センター**による自然や経済、社会、文化などについての基礎調査。**教育研究センター**による学校ビオトープや新しい環境教育。**ビオトープ管理士**の資格の認定。国際シンポジウムの開催や海外視察ツアーの実施。ベトナム・ネパールなど外国への支援など、幅広い活動を展開しています。

財団法人　日本生態系協会
〒171-0021　東京都豊島区西池袋2-30-20　音羽ビル
電話：03-5951-0244　FAX：03-5951-2974

環境を守る最新知識〔第2版〕
ビオトープネットワーク―自然生態系のしくみとその守り方―

1998年（平成10年）8月10日　初版発行
2006年（平成18年）6月30日　第2版第1刷発行

編　者　㈶日本生態系協会
発行者　今　井　　貴
発行所　㈱信　山　社
　　　　〒113-0033　東京都文京区本郷6-2-9-102
　　　　TEL 03-3818-1019　FAX 03-3818-0344
印刷・製本　松澤印刷㈱

©㈶日本生態系協会　2006
ISBN4-7972-8531-1 C3040

―――― 既刊・新刊 ――――

進化生研ライブラリー

1 **世界の三葉虫**
　　近藤典生・吉田彰　著　　　　　本体：2500 円

2 **バオバブ**―ゴンドワナからのメッセージ―
　　近藤典生　編著　　　　　　　　本体：3500 円

3 **トリバネアゲハの世界**
　　近藤典生・西田誠　著　　　　　本体：2500 円

4 **裸子植物のあゆみ**―ゴンドワナの記憶をひもとく―
　　西田誠　著　　　　　　　　　　本体：4500 円

5 **オサムシ**―自然のなかの小さな狩人―
　　鶴巻洋志　編著　　　　　　　　本体：3500 円

6 **生き抜く乾燥地の植物たち**
　　淡輪俊　監修　　　　　　　　　本体：3800 円

オオムラサキがおしえてくれたこと
　　飛鳥自然環境研究会　編　　　　本体：1600 円

ハンドブック海の森・マングローブ
　　中村武久　監修　　　　　　　　本体：2800 円

信山社

―――― 既刊・新刊 ――――

アーカイブス利根川
宮村　忠　監修　　　　　　　　　本体：1800 円

川づくりとすみ場の保全
桜井善雄　著　　　　　　　　　　本体：1800 円

都市河川の総合親水計画
土屋十圀　著　　　　　　　　　　本体：2900 円

ともだちになろう、ふるさとの川
(財)リバーフロント整備センター　編　本体：1800 円

日本の伝統的河川工法Ⅰ・Ⅱ
富野　章　編著　　　　　　本体：4200 円・4800 円

親水工学試論
日本建築学会　編　　　　　　　　本体：3500 円

近自然の歩み―共生型社会の思想と技術―
福留脩文　著　　　　　　　　　　本体：1800 円

「新しい」生態学から見えてきた世界
高橋正征　著　　　　　　　　　　本体：2500 円

トンボの里、アカトンボにみる谷戸の自然
田口正男　著　　　　　　　　　　本体：2500 円

英国田園地域の保全管理と活用
テレンス CE. ウェルズ著/高橋理喜男訳本体：2500 円

信山社

―― 既刊・新刊 ――

近自然工学――新しい川・道・まちづくり――
　　山脇正俊　著　　　　　　　　　　　本体：3800 円

多自然型水辺空間の創造
　　富野　章　著　　　　　　　　　　　本体：2800 円

水循環における地下水・湧水の保全
　　東京地下水研究会　編　　　　　　　本体：3500 円

都市の中に生きた水辺を
　　桜井善雄・市川新・土屋十圀　監修　　本体：2900 円

環境問題の論点
　　沼田　眞　著　　　　　　　　　　　本体：1800 円

近自然河川工法の研究
　　クリスチャン・ゲルディ・福留脩文　著　　　本体：2500 円

気候変動と水災害
　　米谷恒春・葛葉泰久・岸井徳雄　編著　本体：3500 円

水制の理論と計算
　　ニキティンイヴァン著・福留脩文他訳　本体：1942 円

マングローブの生態――保全・管理への道を探る――
　　小滝一夫　著　　　　　　　　　　　本体：2800 円

最新魚道の設計――魚道と関連施設――
　　ダム水源地環境整備センター　編　　本体：9500 円

信山社

───── 既刊・新刊 ─────

ポンプ随想―井戸および地下水学入門―
　　　大島忠剛　著　　　　　　　　　　本体：2893 円

写真集・ポンプ探訪録
　　　大島忠剛　著　　　　　　　　　　本体：3200 円

魚から見た水環境―復元生態学に向けて・河川編―
　　　森　誠一　著　　　　　　　　　　本体：2800 円

魚にやさしい川のかたち
　　　水野信彦　著　　　　　　　　　　本体：2800 円

わたしたちの森林づくり【新装版】
　　　森林クラブ　監編　　　　　　　　本体：1800 円

都市につくる自然―生態園の自然復元と管理運営―
　　　沼田　眞　監修　　　　　　　　　本体：2900 円

エバーグレーズよ永遠に
　　　桜井善雄　訳編　　　　　　　　　本体：2500 円

輝く海・水辺のいかし方
　　　廣崎芳次　著　　　　　　　　　　本体：1800 円

水辺の学校　マニュアルブック
　　　建設省河川局河川環境課　編　　　本体：3800 円

野生草花の咲く草地づくり
　　　近藤哲也・高橋理喜男　監修　　　本体：2800 円

信山社

―――― 既刊・新刊 ――――

昆虫ビオトープ
　　杉山恵一　著　　　　　　　　　　　本体：2427 円

ビオトープ―復元と創造―
　　自然環境復元研究会　編　　　　　　本体：2800 円

水辺ビオトープ―その基礎と事例―
　　桜井善男監/自然環境復元研究会編　　本体：2800 円

学校ビオトープの展開―その理論と方法論的考察―
　　水野信彦　著　　　　　　　　　　　本体：2800 円

農村ビオトープ―農業生産と自然との共存―
　　自然環境復元協会編　　　　　　　　本体：2800 円

ビオトープ環境の創造
　　秋山恵二朗　著　　　　　　　　　　本体：2500 円

海辺ビオトープ入門・基礎編
　　杉山恵一監修/自然環境復元研究会編　本体：2000 円

ビオトープ型社会のかたち
　　小杉山晃一　著　　　　　　　　　　本体：2500 円

ホタルの里づくり
　　自然環境復元研究会　編　　　　　　本体：2800 円

環境保全学の理論と実践 I～IV
　　森　誠一　監修・編集　　　　　　　本体：各 2500 円

信山社